装备作战试验评估技术方法研究与应用

编著者　孙　鹏　陈士涛　王锐华
编　者　孙　鹏　陈士涛　王锐华
　　　　徐　宇　田成平　赵保军
　　　　李大喜　朱乃波　刘显光

西北工业大学出版社

西　安

【内容简介】 作战试验评估是推进装备试验与鉴定转型发展、发挥试验与鉴定监督把关作用的重要抓手。本书围绕构建先进、实用的试验与鉴定体系总要求,立足于装备实战化考核的迫切需求,研究提出了装备作战试验评估技术方法与典型应用案例,为加强试验与鉴定工作的科学性、提高战斗力生成水平提供了技术和理论支撑。

本书既可作为从事装备发展论证、试验评估工作人员的参考用书,也可作为高等院校军事装备学、管理科学与工程、系统工程等专业研究生的教材。

图书在版编目(CIP)数据

装备作战试验评估技术方法研究与应用 / 孙鹏,陈士涛,王锐华编著 . — 西安 : 西北工业大学出版社,2023.2

ISBN 978 - 7 - 5612 - 8467 - 4

Ⅰ.①装… Ⅱ.①孙… ②陈… ③王… Ⅲ.①武器装备-作战-试验 Ⅳ.①E92

中国版本图书馆 CIP 数据核字(2022)第 186259 号

ZHUANGBEI ZUOZHAN SHIYAN PINGGU JISHU FANGFA YANJIU YU YINGYONG
装 备 作 战 试 验 评 估 技 术 方 法 研 究 与 应 用
孙　鹏　陈士涛　王锐华　编著

责任编辑:郭军方　王玉玲		策划编辑:张　晖	
责任校对:李阿盟		装帧设计:李　飞	

出版发行:西北工业大学出版社
通信地址:西安市友谊西路 127 号　　　邮编:710072
电　　话:(029)88491757,88493844
网　　址:www.nwpup.com
印 刷 者:陕西向阳印务有限公司
开　　本:710 mm×1 000 mm　　　1/16
印　　张:11
字　　数:203 千字
版　　次:2023 年 2 月第 1 版　　2023 年 2 月第 1 次印刷
书　　号:ISBN 978 - 7 - 5612 - 8467 - 4
定　　价:68.00 元

前　言

随着高新技术的发展及其在军事领域的大量应用,现代武器装备的更新换代速度明显加快,作战理论、战争模式和作战样式也发生了深刻变化。在这样的时代背景下,如何检验评估武器装备是否能够满足未来作战任务的需要,是否能够适应未来作战样式与战场环境,是否能在未来作战体系对抗中发挥最佳的作战效能等,已成为当前装备建设发展与作战运用急需解决的关键问题。

装备作战试验评估作为发现装备问题缺陷、评估装备实战化能力、确保装备实战有效性和适用性的重要手段,是将装备试验数据转化成为评估结论,为装备是否"管用、好用、实用、耐用"提供科学评价,为准确发现装备的缺陷问题提供有效支撑,为装备能否列装定型提供公正判据的主要举措,是推进试验鉴定转型发展、发挥试验鉴定监督把关作用的重要抓手。

本书基于理论与实践相结合的方法,着眼于装备实战化考核的迫切需求,围绕装备作战试验评估领域相关的概念内涵、评估指标体系构建、评估技术方法及应用进行了系统研究,可为加强作战试验工作的科学性、规范性提供理论支撑和方法参考。

本书共分为五章。第一章为概述,介绍了装备作战试验评估技术方法的相关概念,分析了装备作战试验评估的需求和特点,梳理了国内外装备作战试验评估的开展情况;第二章为装备作战试验评估指标体系构建,主要包括指标体系的定义与分类、指标体系构建的原则和一般过程、装备作战效能评估指标体系构建、作战适用性评估指标体系构建、体系适用性评估指标体系构建、综合评估指标体系构建;第三章为装备作战试验评估指标体系优化与处理,主要包括评估指标体系优化与检验、评估指标归一化处理方法、评估指标权重确定方法、典型综合评估指标的聚合方法;第四章为装备作战试验评估技术方法,主要包括层次分析法(AHP法)、网络层次分析法(ANP法)、模糊综合评估法、灰色白化权函数聚类法(隶属度评价法)、逼近理想解排序法、ADC效能评估法、系统效能分析法、基于粗糙集的评估技术方法、基于质量功能展开的评估技术方法、基于系统动力学模型的评估技术方法、基于探索性分析的评估技术方法、基于大数据及机器学习的评估技术方法、基于矢量分析的评估技术方法、云模型评估法、基于对抗仿真的体系贡献率评估技术方法、基于智能体(Agent)的建模与仿真的评估技术方法等;第五章为装备作战试验评估应用案例。

本书由孙鹏、陈士涛、王锐华编著,徐宇、赵保军参与编写,刘显光、李大喜完成评估案例编制,田成平、侯娜进行校稿。

由于装备作战试验评估技术方法与应用涉及领域广泛,因此,在编写本书的过程中参考了许多专家、同行的著作和论文,书中已做引用说明,在此深表感谢。

由于装备作战试验评估工作尚处于起步之中,积累沉淀不足,笔者的能力有限,书中难免会有一些值得研究和商榷的问题,不妥之处,敬请批评指正。

编著者
2022年9月

目　录

第一章 概　　述

现代武器装备的作战能力主要体现在装备的作战效能、作战适用性、体系适用性和其他适用性上,传统的武器装备单项性能指标评估已经不能满足现代装备试验鉴定工作的基本要求,急需在近似实战的条件下开展装备作战试验评估,创新试验评估技术方法。本章围绕装备作战试验评估技术方法的相关概念,分析装备作战试验评估需求、基本流程和特点,梳理国内外装备作战试验评估开展情况。

第一节　装备试验相关概念

一、装备

在《中国人民解放军军语》(2011 年版)中,“装备”的定义如下:①武器装备的简称,用于作战和保障作战及其他军事行动的武器、武器系统、电子信息系统和技术设备、器材等的统称,主要指武装力量编制内的舰艇、飞机、导弹、雷达、坦克、火炮、车辆和工程机械等。它分为战斗装备、电子信息装备和保障装备。②向部队或分队配发武器及其他制式军用设备、器材、装具等的活动。

在中国大百科全书出版社出版的《中国军事百科全书》(第 2 版)中,“装备”的定义如下:①武器装备的简称,即武装力量用于实施和保障军事行动的武器、武器系统、信息系统和保障系统。②泛指各类军用装备、民用装备。③作为动词,意为“配备”,即向部队或分队配发武器及其他制式军用物件的活动。

装备试验中的“装备”指的是名词性含义,即武器装备的简称,可分别从物、系统、目的用途三个角度来进行解释。从物的角度看,装备是用于作战和保障作战及其他军事行动的物质器材,具有军事性;从系统的角度看,装备既包括单体,也包括由若干单体组成、具有特定功能的系统,如由机载对海搜索跟踪雷达或红外跟踪器及火控计算机等构成的机载火控系统;从目的用途的角度看,装备可分为战斗装备、电子信息装备和保障装备等三种类型。

二、装备试验

《中国人民解放军军语》(2011年版)和《中国军事百科全书》(第2版)均对装备试验进行了定义,虽然具体文字描述不同,但表达基本一致。装备试验是为满足装备科研、生产和使用需要,按照规定的程序和条件,对装备进行验证、检验和考核的活动,包括对装备的技术方案、关键技术、性能、使用效果等的试验,是装备研制工作的重要环节,是验证设计思想正确与否的重要途径,是确定产品能否定型的重要依据,是确保装备质量的重要手段。其目的是通过试验采集、测试和提供确切的试验数据,为装备定型、部队使用、装备管理,以及研发和制造单位验证设计思想和检验生产过程提供科学的数据支撑,降低装备科研技术风险,节省装备采办费用。

装备试验的对象是新系统,是武器装备采办周期中的一个重要过程,对武器装备发展起着极其重要的把关作用,主要包括:发现装备研制中的问题,消除采办风险;验证装备研制的关键技术和改进设计方案,为研制部门提供支持;为武器装备采办决策提供依据,回答决策部门关注的关键问题;支持装备使用规程或战斗条令的制定,为装备用户的作战理论和战法研究提供数据资料。当然,其根本的目的和作用是保证使用部队获得优质、精良的武器装备,为战斗部队生成战斗力提供坚实的物质基础。尽管装备试验只占整个装备采办全生命周期的一小部分,试验费用也仅占整个装备投资的一部分,但只有系统经过全面而充分的试验,才能提前发现装备内部可能出现的问题和缺陷,从而进行改进,保证顺利投产并装备部队,不仅节省费用,而且在战场上具有可靠的战术、技术性能。因此,试验鉴定工作是装备采办中一项非常受重视的工作。

第二节　装备作战试验评估相关概念

一、装备作战试验

装备作战试验是在近似实战战场环境和对抗条件下,对装备完成作战使命任务的作战效能和适用性等进行考核与评估的装备试验活动。其中,作战效能是指装备在规定条件下完成作战任务时所能发挥有效作用的程度。适用性包括作战适用性、体系适用性和其他适用性。作战适用性是指装备在实际使用环境下满足作战运用要求的能力和程度。体系适用性是指在规定的体系对抗环境条件下,装备适应体系,并影响体系作战能力的程度,描述的是被试装备与相关参试装备之间信息融合、体系融合、体制融合,以及互通复用等的适用能力。其他适用性是指着眼于装备与操作使用人员之间结合的效能、装备服役期的经济效能。

二、装备作战试验评估

在科学试验活动中,评估通常是指根据试验目的建立评估指标体系,对试验数据及对评估有用的其他信息进行收集、分析、处理,求得能够反映试验对象本质特征的指标数据,通过与评估指标体系和相关标准进行对比,帮助做出决策的过程。

装备作战试验评估的主要目的是检验装备的作战效能、作战适用性、体系适用性及其他适用性等。本书对装备作战试验评估的定义如下:根据装备作战试验的目的建立评估指标体系,对装备作战试验的数据,以及对评估有用的其他数据(包括装备设计、测试、使用维护、建模与仿真试验数据,试验任务数据,以及试验设备设施数据等)进行收集、分析、处理,求得能够反映装备实战效能和适用性的指标数据,通过与评估指标体系和相关标准进行对比,以支撑装备研制管理部门、作战训练部门做出军事决策(包括装备论证设计、定型审查、维修改进,以及装备作战运用方式探索等)的过程。装备作战试验评估工作贯穿于装备立项论证开始到列装定型结束的全过程,大体可分为初期作战评估、中期作战评估和综合评估三个阶段。

三、装备作战试验评估技术方法

技术方法是指人们为完成设定的技术目标,在技术活动实践过程中所利用的各种方法、程序、规则、技巧、标准和技术等的总称。它帮助人们解决"做什么""怎样做",以及"怎样做得更好"的问题。

本书对装备作战试验评估技术方法的定义如下:在装备作战试验评估过程中所采用的各种方法、程序、规则、技巧、标准和技术等的总称,是装备试验评估机构为完成设定的作战试验评估任务,利用有关技术知识和经验所选择的技术方法或创造出的全新方法。

人们在开展装备作战试验评估工作中创造出了多种多样的评估技术方法。从其发展历程看,既有相对传统的评估技术方法,如基于统计分析的评估技术方法、基于数学解析计算的评估技术方法、定性分析与定量计算相结合的评估技术方法等,也有一些近年来将现代建模与仿真技术用于装备作战试验评估过程中,探索出的新兴评估技术方法,如基于对抗仿真的体系贡献率评估技术方法、基于大数据及机器学习的评估技术方法、基于智能体（Agent）建模与仿真的评估技术方法、基于系统动力学模型的评估技术方法和基于探索性分析的评估技术方法等。

　　装备作战试验评估工作贯穿于装备全生命周期，既有综合性的全面评估，也有针对装备某些关键性能底数的针对性评估。由于装备处于不同阶段时，作战试验评估的目的、对象、指标等不同，对应的评估技术方法也就不同，因此，开展装备作战试验评估既要有适应综合性评估的复杂技术方法，也要有适应单一性评估的传统技术方法。进入 21 世纪以来，系统科学理论逐步发展、成熟，积极吸收并融合了其他学科和领域知识的观点，拓展了学科边沿，最终促进了新的评估和决策理论的发展。随着管理科学、应用数学、系统论、信息论、计算机技术、人工智能技术、工程技术思想引入装备作战试验评估领域，产生了一系列新的评估技术方法，同时，不同评估技术方法的综合和交叉也促进了新方法和新思想的产生。人们在评估实践过程中既可以根据需要选择某种评估技术方法，也可同时使用多种评估技术方法，或者创造出新的评估技术方法。

第三节　装备作战试验评估需求

　　装备作战试验评估在整个装备研制建设和作战运用体系中的地位非常重要，具有不可替代的作用。

一、牵引装备建设发展

　　从装备建设规律看，设计装备就是设计战争，试验装备就是试验战争，要想研制生产好的装备，必须在实战或近似实战的环境下，特别是极限边界、体系对抗的条件下试验评估装备，充分暴露装备在需求论证、设计制造、使用保障等各个环节的不足和缺陷。作为和平环境下的作战实践，通过开展装备作战试验评估，将装备置于复杂、逼真的战场环境中进行全面考核，部队可以摸清装备体系中存在的短板、弱项，提出持续提升部队战斗力的实际需求，装备承制单位可以直观地理解装备在未来战场上的作战任务、作战场景和作战流程，为装备优化设计、改进升级提供实战牵引，实现军事需求与技术创新的紧密耦合、良性互动。

二、支撑装备研制采购

　　作战试验评估贯穿于装备从方案论证到列装定型的全过程，能够为装备进入批量生产提供决策依据。在立项论证和方案设计阶段，装备作战试验评估参与装备研制立项综合论证和研制总要求论证,在此基础上,能够评估得出装备的潜在作战效能、作战适用性、体系适用性等,对装备满足作战使命任务需求的程度进行持续预测与评估;在工程研制阶段,装备作战试验评估能够评估得出装备技术成熟度是否满足装备研制要求;在列装定型阶段,装备作战试验评估能够挖掘出装备最大的作战使用价值,全面考核装备综合效能。每个阶段的试验结果都是下一个阶段试验开展的重要依据,而且只有结果鉴定合格后才能转入下一个阶段,否则,重复相应阶段的试验过程。这样的迭代递进运行方式,能够确保作战试验评估的结论最终指向装备列装定型,从而为开启装备大批量生产提供可靠的条件支撑。

三、摸清装备能力底数

当前,战争形态正加速由机械化向信息化演变,作战方式从武器平台支撑向体系支撑转变,装备信息化、体系化建设趋势明显加快。受历史因素的影响,我军装备曾长期以引进和仿制为主,仅对战术技术性能、工艺质量稳定性、材料来源稳定性等进行了必要的考核评估,作战试验评估环节被长期忽略。随着我军装备由跟踪研仿向自主创新发展转变,以单装、受控条件、性能考核为主的传统试验鉴定模式已不适应形势发展,迫切需要开展作战试验评估,弥补实战化考核这个短板、缺陷。通过开展装备作战试验评估,既考核装备技术指标,又考核作战指标;既考核单件装备性能,又考核装备体系作战效能;既考核典型、理想条件下的指标,又考核边界、极限、复杂条件下的指标,在近似实战的对抗环境中将装备性能底数摸清、摸透,加速实现装备建设由交装备向交能力转变。

四、验证装备体系结构

未来战场,体系对抗是制胜的关键,单项性能指标占优的武器单元在实战中并不一定能有效发挥威力,而通过信息系统关联起来、相互间功能配套且协作紧密的装备体系才是影响战争成败的关键。这种"体系化"建设理念从根本上改变了传统装备编配运用方式,取而代之的是基于网络信息体系塑造装备体系,实现了信息资源由分散向聚合、装备由孤立向整体的转变。不仅如此,"体系化"还成为了作战试验评估的重要内容,重点围绕装备(装备体系)之间信息融合、体系融合、体制融合,以及互通复用等适用能力进行检验评估。从某种意义上讲,作战试验评估的实施过程其实就是基于作战背景、能力需求和资源约束等条件,寻求各种武器装备之间的最佳匹配,使装备体系的整体军事价值达到最大的过程。

五、缩短战斗力生成周期

开展装备作战试验评估是高效衔接"战—建—用"的具体举措,是解答一线部队关切、解决装备作战使用和装备体系运用问题最富成效的方法和途径。通过考核评估装备"能不能用""好不好用",可以形成装备体系编配、体系运用等大量第一手数据,为装备运用、战术战法创新、部队编成优化、装备配套保障等提供参考建议,最终形成装备作战运用指南、作战使用建议、使用保障要求等系列成果,将新装备战斗力的生成流程由以往的"先建、后试、再训、会用"转变为"边建、边试、边训、边用",大幅缩短新装备战斗力的生成周期,推进部队战斗力的快速生成。

第四节　装备作战试验评估基本流程

开展装备作战试验评估运行机制研究,需要研究装备作战试验评估的基本流程。无论是初期作战评估、中期作战评估还是综合评估,其评估基本流程如图1-1所示。

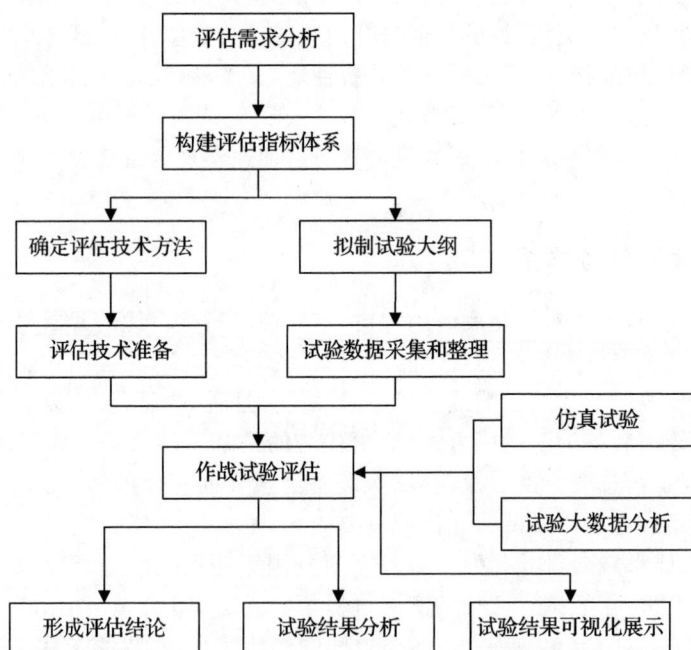

图1-1　装备作战试验评估基本流程

1.评估需求分析

根据评估对象的使命任务、类别特征,以及上级要求和评估目的,研究提出评估的内容和结果形式。

2.构建评估指标体系

根据评估对象和评估目的,逐级向下分解,构建系统、完整、可实现的评估指标体系。

3.拟制试验大纲

这里把拟制试验大纲看成评估工作的一个组成部分,从逻辑上讲,应该先确定指标体系,再拟制试验大纲,从而确定试验数据获取的方法。

4.试验数据采集与整理

获取试验数据,并对其进行加工、整理,包括归一化、去量纲化等,使其格式符合评估要求。

5.确定评估技术方法

评估技术方法包括指标权重赋值方法、指标聚合方法等。

6.评估技术准备

提出评估技术方法,确定各级评估指标的权重,构建评估指标模型,建立试验数据采集项与评估指标的关联关系等。

7.作战试验评估

在上述基础上,结合仿真试验和大数据分析开展作战试验评估。仿真试验和试验大数据分析是装备作战试验评估的重要支撑技术手段。仿真试验用于增加样本量、补充获取边界和极限条件下的试验数据。试验大数据分析用于对试验数据进行差异性、相关性、独立性、敏感性的分析研究。

8.形成评估结论

基于实装试验、仿真试验或虚实结合的试验,形成评估结论。

9.试验结果分析

对试验结果进行分析比对,支撑形成评估报告。

10.试验结果可视化展示

根据需要,视情况进行试验结果可视化展示。

第五节　装备作战试验评估主要特点

装备作战试验评估与装备研制试验等其他试验评估相比,在试验目的、试验环境条件、试验主体、评估方法等方面具有较大的区别,呈现出以下特点。

一、评估导向实战化

坚持实战化导向,按照"仗怎么打,装备就怎么试"的总体思路,以一体化联合作战为背景,按照装备实际使命任务与作战流程设计组织试验。在需求设计上,依据装备作战使命,梳理装备作战样式,开展作战任务和作战目标分析,并形成清单,进而深化研究作战任务剖面和关键作战问题,建立评估指标体系。在科目设计上,综合采用基于装备作战流程方法、基于装备作战能力方法、基于关键作战问题方法设计装备作战效能和适用性检验科目。

二、评估环境等效化

装备作战试验评估的目的是在近似实战的环境下检验评估装备的实战化能力。因此,开展作战试验评估,先要构建一个与装备实际作战使用环境等效的试验环境,除需要构建与未来作战区域相近的地形、气象、水文等自然环境之外,更重要的是需要构建交战各方对抗形成的复杂电磁环境、目标环境和威胁环境等。

三、评估过程对抗化

在战争中克敌制胜是对装备的基本要求,而战争的主要特点之一是具有对抗性,只有开展对抗性的作战试验,才能获得评估装备实战化能力所需的试验数据。因此,装备作战试验项目的设置、作战想定的设计要充分体现交战各方的作战思想和战术特点,试验过程要充分展现交战各方的对抗过程,试验数据的采集要真实反映对抗过程中所得出的结果。

四、评估方法多样化

在近似实战的对抗环境进行装备作战试验评估,是一个十分复杂的过程。

由于作战试验在动态变化的对抗中进行,各种影响因素相互作用、相互交织,数据采集、处理和评估分析、计算十分复杂,因此,装备作战试验评估需要根据具体的试验目的,采用实装试验与建模仿真试验相结合、专项试验与部队演练试验相结合、定量评估与定性评估相结合、作战试验数据与其他数据的应用相结合等多样化的试验评估技术方法来破解复杂难题。

五、评估机构独立化

装备作战试验评估是为军事决策服务的,评估结论对装备的发展建设和作战运用会产生重要影响。因此,装备作战试验评估必须确保试验评估机构的独立性、权威性和专业性。装备作战试验评估应在保持有效独立于装备规划、设计和承制等相关利益方的情况下组织实施评估活动,并由具备专业评估知识和技能的团队进行科学的分析和评估,写出客观、公正的评估报告。

六、评估效益最大化

装备作战试验评估目前正加速向"试训战研"融合式发展,既有力推动了装备试验考核,也加速了部队实战化训练和作战能力的生成,还能促进装备研制建设。一是以试拓训。装备作战试验评估由用户单位牵头设计,装备由用户单位具体操作,评估由用户单位具体实施,促使作战人员提前深度理解装备的设计思路和技术机理,熟练掌握装备的操作流程和使用方法,加速培养值勤操作和作战运用人才队伍。二是以试助战。通过开展装备作战试验了解装备能力底数,研究掌握使用策略,凝练形成初步战法,编制形成装备运用参考手册,同时可将试验结果融入作战行动方案。三是以试促研。装备作战试验评估搭建了军地研用双方的一座桥梁,使部队操作手和装备承研承制单位设计师提前融合,持续深化的军事需求和试验提出的改进建议不断融入武器装备研制建设中,促使研制单位由提供产品向提供能力转变。

第六节 国内外装备作战试验评估情况

国外一些军事强国在装备作战试验评估方面走在世界前列,有些先进的评估技术方法值得我们借鉴。本节主要介绍美军、法军、俄军装备作战试验评估情况和我国作战试验评估技术方法研究的相关情况。

一、美军作战试验评估情况

以美军为代表的西方军事强国高度重视作战试验评估,并开展了多年的探索实践,积累了许多成功经验,强调向前覆盖至新研装备的方案论证,延伸至武装力量参加世界范围内的相关局部战争,辐射伴随装备的完整生命周期。

(一)有关概念

1.作战效能(Operational Effectiveness,OE)

美国国防采办大学出版的《试验与鉴定管理指南》(第 6 版)中给出的作战效能的定义如下:一个系统在计划或期望的环境(如自然环境、电磁环境或威胁环境)下,被典型人员使用时的综合任务完成度,需要考虑组织、条令、战术、生存力、易损性和威胁(包括反制措施、初始核武器效果及核生化污染威胁)等作战用途。空军给出的作战效能的定义[AFI 10 – 602(AFI 即 Air Force System Instruction,空军指令文件),Determining Mission Capability and Supportability Requirements,任务能力和支持性需求确定]如下:考虑到部队编制、作战原则、战术、威胁(包括干扰和核威胁)等因素,系统在其计划或预计的作战使用环境中,被具有代表性的人员使用时,能够完成任务的总体水平。

2.作战适用性(Operational Suitability,OS)

美国国防采办大学出版的《试验与鉴定管理指南》(第 6 版)中给出的作战适用性的定义如下:在考虑可用性、兼容性、运输性、互用性、可靠性、战时利用率、维修性、安全性、人机工效、人力保障性、后勤保障性、自然环境效应与影响、文件,以及训练要求的情况下,系统令人满意地投入外场使用的程度。它明确了一些要素,如安全性、人机工效、兼容性、环境适应性,也同样适用于作战效能试验。作战适用性也可以这样定义:一个系统在外场使用的满意度包括对可用性、兼容性、运输性、互操作性、可靠性、战时使用率、维护性、安全性、人力保障、后勤保障、自然环境影响、文件、人员和训练要素的考虑。

3.作战试验与鉴定(Operational Test and Evaluation,OT&E)

作战试验与鉴定是指在真实作战环境下,对每件武器、装备或军需产品(或关键组件)进行外场试验,旨在确定该武器、装备或军需品在作战使用时的效能和适用性,并对该试验结果进行评估。

4.初始作战试验与鉴定(Initial Operational Test and Evaluation,IOT&E)

初始作战试验与鉴定是指在尽可能真实的作战环境下进行的独立和专门的作战试验与鉴定,用于估计未来系统的整体作战能力,即作战效能、作战适用性和其他作战需考虑的指标。

5.后续作战试验与鉴定(Follow-on Operational Test and Evaluation,FOT&E)

后续作战试验与鉴定是初始作战试验与鉴定的延续。后续作战试验与鉴定解答了关于未解决的关键作战问题和试验问题的具体疑问,并验证了对任务行动有本质或严重影响的缺陷的解决方案,或者完成了在初始作战试验与鉴定中未完成的问题。

(二)组织管理

美军装备作战试验评估有完备的组织机构和试验评估体系。除美国国防部作战试验与鉴定局(约50人)之外,各军兵种还设有作战试验与鉴定司令部负责本军种作战试验与鉴定的管理,以及联合用户试验的管理(约2 500人),负责规划、执行和报告作战试验与鉴定活动的结果,监督所有的相关作战试验与鉴定。美军作战试验与鉴定专注于装备效能试验,主要考核装备作战效能和作战适用性。

美军作战试验与鉴定的管理有统一的方针、政策和管理规程,而且这些政策法规仍在不断完善。一切试验活动均依据项目制订的试验与鉴定主计划实施。例如,陆军布雷德利战车系统试验主计划,详细规定了试验与鉴定各有关单位的职责,规定了被试装备的技术状态、管理和质量指示等。

美军作战试验与鉴定机构独立于采办管理部门和作战指挥部门,美国国防部作战试验与鉴定局在总体上统筹监管,项目管理办公室负责各种协调工作,军种作战试验机构负责试验计划的制订与实施,靶场提供试验保障。美国国防部作战试验与鉴定局局长由总统亲自任命,直接向国防部部长报告工作,并有权向国防部和国会提交作战试验与鉴定报告,直接作为装备采办决策的权威依据,充分体现了作战试验与鉴定的权威地位。作战试验与鉴定局通过审查军种作战试验与鉴定计划,监督军种作战试验与鉴定工作的组织与实施,保证各军种作战试验与鉴定工作的有序开展。美军作战试验与鉴定机构的权威性和独立性避免了利益关联方对试验与鉴定工作的影响,保证了作战试验与鉴定结果的可信性。

(三)试验划分

对应于装备采办生命周期的全过程,美国陆军将作战试验与鉴定区分为早期作战评估、作战评估、初始作战试验与鉴定和后续作战试验与鉴定四个阶段,分别对装备的概念方案、系统方案、技术方案、实体样机、模拟分队等展开鉴定,使装备作战效能和作战适用性在装备研发、生产与部署的过程中,都能得到检验和考核。美军装备试验与鉴定类型和采办周期之间的关系如图1-2所示,同时这个图也较为全面地反映了装备作战试验与鉴定和研制试验与鉴定的阶段划分及相互关系。

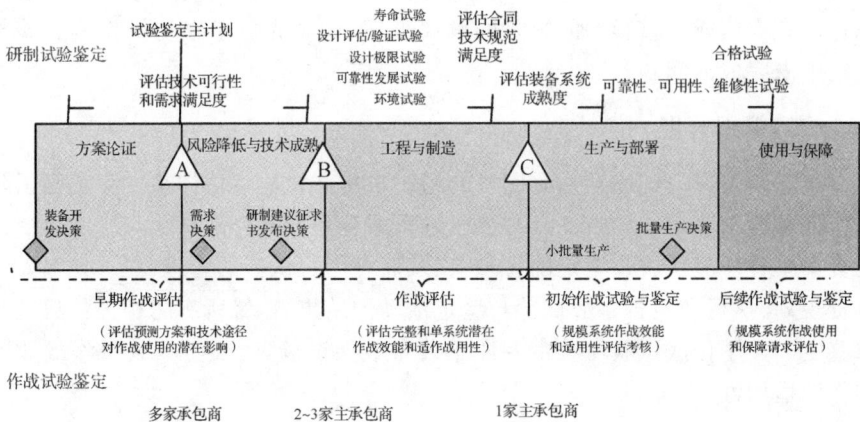

图1-2 装备作战试验与鉴定和研制试验与鉴定的阶段划分及相互关系

早期作战评估,主要预测和评估在研装备的潜在作战效能和部队适用性,以预计装备满足用户要求的潜力。

作战评估,是对完整的装备系统进行作战性能评估,重点关注工程科研数量规模样品在作战行动运用中的潜在作战效能与作战适用性,评估目标主要包括鉴定装备性能是否满足作战要求等,聚焦研制工作中出现的重要趋势、项目缺陷、风险领域、需求的充分性,以及项目对作战试验的保障能力,评估结果支持设计定型审查。

初始作战试验与鉴定,重点关注批产数量规模装备在作战行动运用中的(体系)作战效能与作战适用性,由作战试验与鉴定单位组织,用户部队在外场实施。

后续作战试验与鉴定,重点关注体系编配规模数量装备在作战行动运用中的作战使用和作战保障方面的满足度,修正以前的作战效能和部队适用性的估计,评估初始作战试验与鉴定期间没有评定的作战效能,评定新的战术和战略、战斗编制、人员要求,评估装备改型和升级的影响。

美军强调作战试验与鉴定应遵循以下原则。

1.尽早介入原则

要求武器装备的作战试验与鉴定人员应当尽早介入装备的采办过程,尽早拟定试验计划,并尽早开展阶段性试验。

2.仿真先行原则

要求在开始实装试验之前,应尽可能多地采用建模与仿真手段,利用武器装备的仿真模型开展作战试验先期验证,以求及早发现问题,规避风险。

3.加强协作原则

要求作战试验的实施应尽量与典型部队开展合作,充分利用部队训练或演习的机会,从而降低试验成本和试验复杂度。

(四)试验环境

美军提出"像作战一样试验"的理念,全方位构建逼真试验环境。首先,强调作战试验环境的真实性,要求自然环境、对抗环境、敌方威胁等方面贴近作战实际。如果现有条件不能满足要求,就必须专门构建逼真的试验环境。例如,F-35作战试验要求高复杂性和高强度的电磁环境,作战试验与鉴定局评估后认为,美军已有的靶场资源无法在开放空域复现这种电磁环境,建议实施电子战基础设施改进计划,保证F-35能在作战对抗环境下进行充分试验,采办部门同意并实施了这项计划。其次,强调作战运用的真实性,要求武器装备必须按照真实的编配、战术、战法等进行试验。例如F-35试验均在有干扰机、预警机配合的情况下,采用双机、四机战斗编配,按照预定的战术、战法开展初始作战试验。再次,强调操作人员的真实性,要求试验操作人员必须是未来装备典型使用人员。所谓典型使用人员,是指未来装备交付部队后,具有平均操作水平的使用人员。

(五)试验平台

美军经过多年的作战试验摸索,总结和建设了很多试验标准、试验方法和试验平台。其作战试验平台构建的核心理念:实际作战行动、装备作战试验、部队作战试验、部队试验采用统一的基础支撑平台。突出"战—试—训"一体化,突出试验与实战的相近性。为此,美军构建了基于真实—虚拟—构造(Live - Virtual - Constructive,LVC)的作战、作战试验、试验平台,以试验与训练使能体系结构(Test and Training Enableing Architecture,TENA)系统为支撑,融合实兵试验(Live)、模拟试验(Virtual)、构造仿真试验(Constructive)和军事游戏(Gaming)于一体的 LVC 集成试验环境(Integrated Training Environment)概念,构建出了近拟实战的联合作战环境。TENA 系统架构如图 1 - 3 所示。

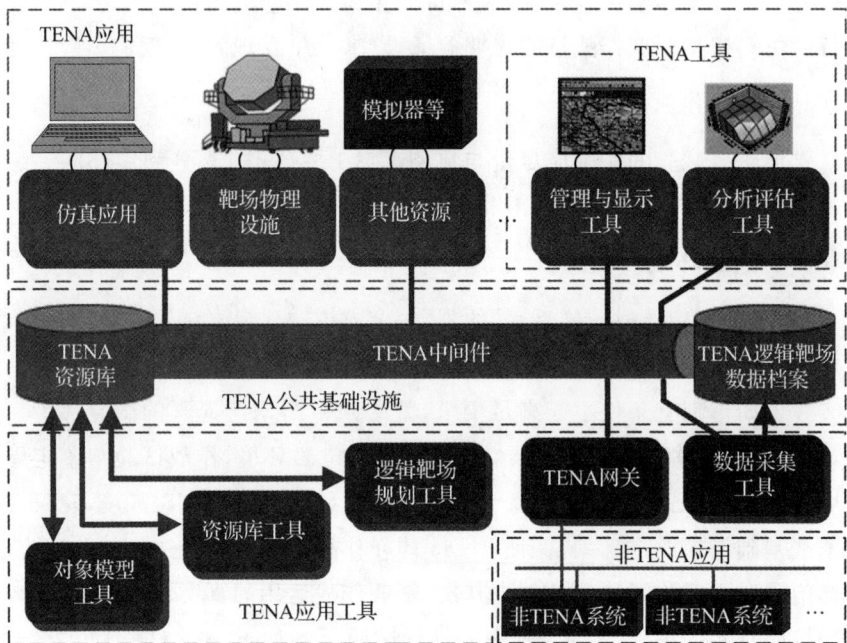

图 1 - 3　TENA 系统架构

1.TENA 应用

TENA 应用主要包括遵循 TENA 标准的试验资源和工具。

(1)靶场资源:与 TENA 兼容的仿真应用、靶场物理设施及其他各种资源,包括各类靶场设施、设备、模拟器、待试实装、数学模型等,是构成逻辑靶场的应用系统。

（2）TENA 工具：包括试验管理和显示工具、分析评估工具等，辅助实现试验的全过程管理，主要用来计划、配置、控制、监控多个靶场的训练，并对结果数据进行综合分析。这些与 TENA 兼容的软件工具可提高靶场人员的工作效率，利用它们可以组织和配置许多分布的靶场资源以进行更大规模的综合训练。

2.TENA 公共基础设施

TENA 公共基础设施是 TENA 的核心，包括 TENA 中间件、TENA 资源库和 TENA 逻辑靶场数据档案。

（1）TENA 资源库：用于存储逻辑靶场的各种对象模型、应用和其他信息。TENA 资源库包括与 TENA 相关的所有信息。这些信息并不为某个给定的试验或训练所特有。

（2）TENA 中间件：用于实时数据交换，是在执行靶场事件时靶场应用和工具所使用的高性能、低延迟的通信基础设施。所有在靶场系统间的数据交换和控制命令传输都由该中间件完成。

（3）TENA 逻辑靶场数据档案：用于存储试验想定数据、过程数据和结果数据。数据来自分布在不同地域的靶场应用。

3.TENA 应用工具

TENA 应用工具是用于构建和管理逻辑靶场的工具集，是为逻辑靶场使用 TENA 及其相应的管理而特别设计的。这些实用程序帮助用户将分布在不同靶场的资源集成在一起，并对建立起的逻辑靶场进行有效管理，对 TENA 公共基础设施进行优化。TENA 应用工具包括对象模型工具、资源库工具、逻辑靶场规划工具、TENA 网关和数据采集工具。

4.逻辑靶场对象模型

逻辑靶场对象模型是用于靶场各资源通信和交互的"共用语言"，也可描述为资源构件集成框架。它既可以包括符合 TENA 标准的对象定义，也可以包括非 TENA 标准的对象定义。

5.非 TENA 应用

非 TENA 应用是与 TENA 不兼容的仿真系统、靶场资源和设施。它通过 TENA 网关实现与 TENA 应用之间的互操作。它包括现存的靶场设备、设施，以及现存的各类 HLA 仿真应用和 C⁴ISR 系统。

2012 年 11 月，美军在第 2 骑兵团组织的营级规模多兵种联合实兵实弹试验中首次运用了 TENA 系统。这种"虚实结合"的试验模式具有很高的参考价值。

LVC 集成试验环境是目前美军军事作战、作战试验的核心理念。LVC 集成试验环境的概念设想根据作战任务需求，融合实兵系统、模拟系统（包括军事游戏）和构造仿真系统的各自优势，把室内试验人员、参谋人员和野外试验的士兵，以及各兵种模拟器材集成在同一任务环境中，为指挥员、参谋人员和士兵提供复杂、可靠、能反映实际作战复杂特性的环境。LVC 集成试验环境非常适合合成部队营、连、排多级同步作战试验，在技术上还可以支持旅规模的作战试验。

组成 LVC 集成试验环境的三大支撑系统如下。

（1）实兵试验系统：用驻地物联训练系统（Home Station Instrumented Training System）通过电台把多功能集成激光交战系统（Multiple Integrated Laser Engagement System）连接起来，实现实时反馈参试士兵的位置、状态、武器和射击效果信息。驻地物联训练系统（见图 1-4）还可支持从其他模拟试验系统中传递的间瞄火力损伤数据，并反馈到参试士兵身上。实兵对抗试验时，可以在构造仿真系统中设置炮兵单元支撑火力召唤任务试验，通过语音通信或任务式指挥信息系统进行协同，实现用虚拟的炮弹打击真实的参试部队，参试士兵可通过监视器实时查看虚拟火力打击的效果。

图 1-4　驻地物联训练系统

（2）模拟试验系统：主要包括航空武器模拟试验系统、近距离战斗战术模拟试验系统、可重构车辆战术模拟试验系统、可重构车辆模拟器和虚拟战场空间。航空武器模拟试验系统是一种陆军航空兵飞行试验设备（见图 1-5），可进行模块化组合，能满足 AH-64、OH-58、UH-60 和 UH-47 直升机试验需求。近距离战斗战术模拟试验系统是一种合成部队地面战斗集体试验设备，包括 M1A2 坦克和 M2A2 战车家族试验子系统；可重构车辆战术试验模拟系统和可重构车辆模拟器非常类似，二者都可提供轮式车辆乘员试验，安装有可定制交互式屏幕，能够感应手持武器模拟器中发射的激光信号。"虚拟战场空间"是一款第一人称射击游戏，通过使用真实世界地形数据和陆军武器装备数据把这款游戏改造成了能够支持试验的虚拟战场系统。

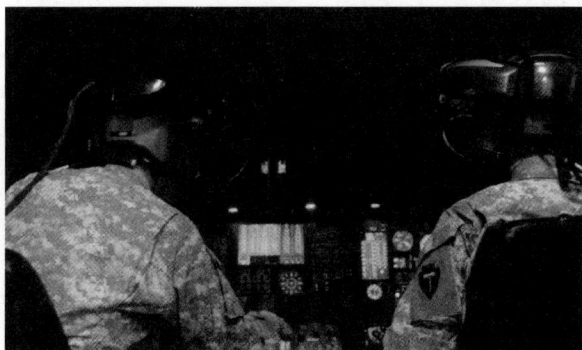

图 1-5　陆军航空兵飞行试验设备

（3）构造仿真系统：在 LVC 集成试验环境中，构造仿真系统以联合冲突和战术仿真（Joint Conflict And Tactical Simulation，JCATS）系统为主体，所有的实体单位都用二维军标来表示，单位移动和交互都在二维地图上进行。构造仿真系统可以直接与参试部队使用的指挥系统互联互通，通过点击鼠标就可以控制构造仿真系统中虚拟的坦克或士兵与试验场、模拟试验系统中真实的坦克和士兵进行交互。

LVC 集成试验环境能够支持空中突击、机动突击或阵地攻防等多种作战样式，可以满足城市作战、近距离空中支援或超近距离火力支援等高风险试验任务的需要，构建的试验环境能最大程度接近实战。

(六)建立"基于演习"的评估机制

演习是美军开展作战试验与评估的重要手段。演习评估的常用方法包括作战仿真、检验性演习和对抗演习等。海湾战争后,经过数月的调研评估,美国陆军认为,需要建立一个全新机制试验新的战争特性。在时任陆军参谋长沙利文的支持下,美国陆军决定通过举行大规模演习试验变革性技术和作战方式。从1993年开始,美国陆军实施了规模空前的现代"路易斯安那大演习",首次实现了全仿真演练,在各地创建作战实验室,并把评估工作纳入演习全过程。此轮演习将计算机仿真技术真正带入实用阶段,分析论证了数字化、夜战技术、全资产可视化、通用战场态势图等诸多革命性技术概念,对美国陆军建设的发展产生了深远影响。

(七)采用"军民融合"的评估模式

军民融合思想贯穿于美军建军作战的各个方面。在作战试验评估方面,民间力量在武器装备发展方面发挥着重要作用。进入21世纪以来,随着武器系统的日益复杂化,以及军民两用技术的日益融合,美军更加注重依托民间力量参与武器装备的试验和作战评估。从试验与评估实施主体看,美国陆军不仅聘请了大量具有专业知识背景的文职人员和合同雇员,而且与知名智库及麻省理工学院、霍普金斯大学等科研单位建立合作关系,共同分析评估结果,探讨发展思路。

二、法军作战试验评估情况

法军在装备作战试验评估方面有自己成熟的平台和技术方法。法军利用法国泰雷兹公司"系统测试和验证平台"(System test and verification platform,STVF)开展指挥信息系统的作战试验验证就是一个典型案例。

STVF是由法国泰雷兹公司研制的集模拟、测试和评估于一体的指挥信息系统测试和验证平台,类似于美军基于LVC的集训练、试验、作战于一体的平台,隶属于法国空军与法国装备总部领导的军方装备测试验证中心。作为指挥信息系统的测试验证平台,STVF主要有四项功能:一是用于对指挥信息系统的采购论证、新作战概念进行分析与研究;二是用于对指挥信息系统进行描述和定义;三是用于对指挥信息系统进行测试和验证;四是用于对战勤人员进行培训。

STVF的组成结构如图1-6所示。

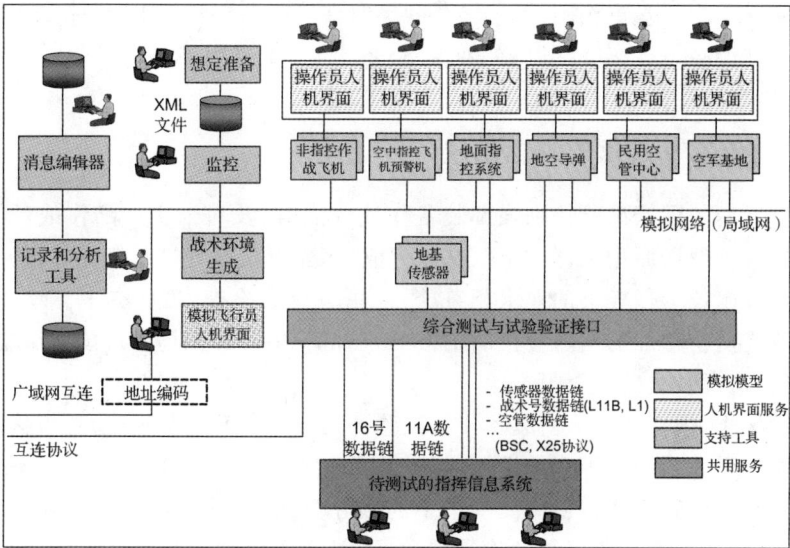

图 1-6　法军系统测试和验证平台(STVF)的组成结构图

STVF 的测试验证内容包括法军指挥信息系统、雷达装备、武器系统信息接口的测试和验证。STVF 除与测试验证中心环境内的各种雷达录取设备、模拟器等相连之外,还使用两套标准的指挥信息系统作为测试验证的资源,用于与被试系统进行比较测试与验证。此外,STVF 还与全国各地的各军兵种、北约的指挥控制中心、民用空中交通管制中心、传感器等实装系统进行互连。STVF 的外部互联关系如图 1-7 所示。

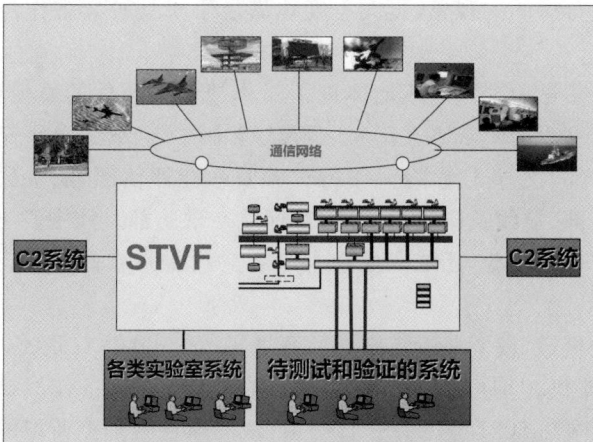

图 1-7　法军系统测试和验证平台(STVF)的外部互联关系

经过多年来装备数据、模型以及测试验证技术的积累,STVF 已成为法军进行指挥信息系统需求分析、系统定义、技术验证、系统集成、性能评估、行动验证、设备试验的核心支撑手段。

三、俄军作战试验评估情况

俄罗斯的国家试验特别强调装备作战效能,以及对未来严酷作战环境的适应性。俄罗斯原型武器在工厂试制完成后,先由设计局进行试验,以确定其是否与战术技术任务书的要求相符,再由军事代表检查,最后在军方牵头、军事工业委员会参加的国防会议的主持下,在试验中心和靶场进行国家试验,评价其作战性能,决定是否投产。

近年来,俄罗斯政府对装备作战试验评估工作越来越重视,通过机构改革和相关经费大幅增加等多项措施,提升作战试验评估的质量。俄军装备作战试验评估组织管理体系遵循高度集中的领导模式,受国防部集中领导和统一指挥,国防部副部长负责装备建设与发展,兼管作战试验与鉴定工作,武器装备局是装备作战试验评估的主管机构,同时各军兵种的装备技术部下辖的相关职能机构负责组织实施军兵种装备的作战试验评估工作。

俄军拥有完善的作战试验靶场体系,受国防部统一管辖,具备多种试验设备和保障设施。2013 年,世界上最大的数字化靶场在俄罗斯建成,可满足各军兵种联合作战试验评估需要。俄军装备作战试验管理体系高度集中,确保了作战试验评估的权威性,有利于提高装备的作战效能和作战适用性考核的可靠性。同时,装备作战试验配套能力建设全面,逐渐摆脱了以往租借其他国家试验场地进行试验的现象,更大程度地满足了军兵种装备作战试验评估的多样化需求。

俄罗斯很多试验部门的职能体现了对作战试验评估的重视程度。例如,位于阿赫图宾斯克的契卡洛夫国家飞行试验中心(空军试飞研究院),其组织机构包括司令部、飞行试验中心、飞行试验及效能评估部、航空兵配置装备试验及效能评估部、航线及靶场试验部、特种航空试验部。该中心不但进行新型航空武器和装备的试验,还从事批量生产航空武器和装备作战能力的提升和延寿研究工作。

根据相关报道,俄罗斯近年来先后开展了 S - 500 防空系统、Su - 57 战斗机、T - 50 战斗机、"猎户座"无人机、地面无人车等装备的作战试验评估。据美国 DefPost 网站 2021 年 6 月 9 日报道,俄罗斯在哈萨克斯坦的萨里沙甘训练场进行了 S - 500"普罗米修斯"移动防空导弹系统测试。该系统计划于

2025 年批量交付,主要用于摧毁近地轨道上的火箭和航天器,可击毁超声速飞行的目标,能通过陆路或空中运输到全国各地,并根据威胁范围进行部署。俄罗斯克伦施塔特公司进行了"猎户座"无人机发射 Vikhr-M 反坦克导弹的测试。"猎户座"无人机是俄军首款察打一体无人机,由俄罗斯克伦施塔特公司负责设计、测试及认证。该无人机可携带 200 kg 的有效载荷,包括多通道MOES 稳定电子监控系统,可用于昼夜探测和跟踪目标,并引导武器攻击目标。同时,在该无人机机身中央下方的一个隔间内可安装雷达或摄像测量设备,以及侦察和电子战设备。2021 年俄罗斯伊万诺沃近卫空降兵团在雅罗斯拉夫州佩索奇诺耶靶场举行演习。在演习的第一阶段,空降兵团使用了包括BMD-4M 空降兵战车和 BTR-MDM 空降装甲运兵车在内的常规装备进行了从其永久驻地驶往雅罗斯拉夫州佩索奇诺耶靶场的行军,并在该地进行了作战行动规划和保障规划。演习期间,部队采用驾驶常规装备行军和借助飞往任务区的陆军航空兵直升机等综合方式解决了空降兵部队的运输问题。此外,演习还广泛使用了"海雕-10"无人机。军事人员在假想敌使用电子战和精确制导武器的条件下作战。在演习的最终阶段,为确保空降兵营免遭袭击,军事人员使用 BMD-4M 空降兵战车和 BTR-MDM 空降装甲运兵车内装备的常规武器、轻武器、火焰喷射器和榴弹发射器进行了实弹防御。

四、国内作战试验评估情况

国内对装备作战试验评估的研究起步较晚,早期主要聚焦在武器装备效能评估领域。例如,朱宝鎏、朱荣昌等著的《作战飞机效能评估》一书,系统地归纳总结了作战飞机效能评估的主要方法,提出了快速、简易地评估作战飞机空战能力的效能指数法。

近年来,国内已经开始尝试在有限范围内进行特定武器装备的作战试验活动,如构建近拟实战的战场环境、开展对抗性试验和作战效能评估、按典型作战单元的编制和规模进行试验。随着装备作战试验工作的大范围展开,许多有关装备作战试验评估的文献也开始从不同层次、不同角度对装备作战试验评估技术方法、理论进行探讨和分析。

例如,王亮撰写的学术论文《武器装备作战试验评估方法研究》,针对武器装备作战试验评估技术方法问题,吸收借鉴美军装备试验先进思想,在阐述了评估准备过程中建立映射关系、确定优先排序、构建计分模型和构建风险模型的基础上,提出了武器装备作战试验评估技术方法。罗小明、何榕等撰写的学术论文《装备作战试验设计与评估基本理论研究》,针对装备作战试验"为什么试""试什么""怎么试""试验结果怎么评"等问题,探析了装备作战试验的基本概念,构建了装备作战试验设计与评估总体框架,论述了装备作战试验的目标定位、主要内容、基本方法、组织实施和综合评估等基本理论。徐海波、邹建华等撰写的学术论文《一种装备体系作战试验综合能力评估方法》,针对装备作战试验中所面临的综合火力运用能力评估问题,建立了利用层次分析与模糊量化相结合的评估模型,实现了多类型武器装备复杂指标体系条件下的作战试验结果综合定量评估。祝冀鲁、柯宏发撰写的学术论文《航天装备作战试验与评估的几点认识》,借鉴美军和国内有关航天装备的作战试验与评估研究成果,给出了航天装备作战试验的定义,梳理了作战试验目的、作战试验环境、作战试验主体、作战试验模式的特点,指出了航天装备作战试验必须解决作战试验环境构建、作战试验方案设计、效能评估指标体系构建、作战适用性评估、体系贡献率评估等关键技术。

　　总体来看,目前国内对装备作战试验评估技术方法的研究仍处于起步阶段,缺乏系统的归纳总结和分析梳理,而且大部分研究主要聚焦在单件武器的装备效能评估上,缺乏从体系作战的角度对武器装备完成使命任务能力的评估。

第二章 装备作战试验评估指标体系构建

构建装备作战试验评估指标体系既是开展装备作战试验评估的基础性工作，也是核心工作。评估指标体系构建的科学性、合理性，直接关系到试验设计的科学性、数据采集的完整性、试验评估的可信性，直接影响作战试验评估质量效益。本章先介绍评估指标体系的定义与分类、构建的原则和一般过程，然后分析作战效能、作战适用性、体系适用性和综合评估指标体系，最后给出指标归一化处理方法、权重确定方法、体系优化方法和指标聚合方法。

第一节 指标体系的定义与分类

装备作战试验评估指标是实施评估的基本准则和依据，本节阐述评估指标体系的定义与分类。

一、评估指标的定义与分类

指标是度量事物属性或事物之间关系的一种量化准则或标准。从数学的角度来看，指标是反映事物属性的一种映射。例如，测量物体的质量，如果采用千克作为单位去度量，就可以建立物体质量属性的一个度量指标。

装备作战试验评估指标是根据评估工作需要所选择的度量评估对象的准则或标准。根据度量指标的属性不同，可分为定性指标和定量指标。在应用过程中，一般选择定量指标，或者将定性指标通过一定的关系转化为定量指标或定性指标与定量指标相结合的指标。

在装备作战试验评估过程中，根据指标值是否可直接度量，可将指标分为基础性指标和派生指标。基础性指标是在指标体系中可直接度量的指标，派生指标是基础性指标通过一定关系运算得到的指标。综合指标是一种特殊的派生指标，是依据相关指标综合而成的。从数学的角度看，综合指标是建立一个从高维空间到低维空间的映射,该映射能够保持其在高维空间的某种"结构"。

美军经常使用的指标术语主要包括效能指标(Measure of Effectiveness)、性能指标(Measure of Performance)和适用性指标(Measure of Suitability),且给出了权威性定义。尽管美军各军兵种在引用和使用指标的过程中,对这些指标定义的理解还有差异和争论,但总体上按照目前规范化的释义,有效避免了表述的混乱和难以理解,便于进一步分析和研究。借鉴美军的表述和我们开展综合评估的需要,可以将作战试验评估的相关指标大致划分为效能指标、适用性指标、其他性能指标、综合评估指标四类。

二、指标的组成要素及属性

(一)组成要素

描述一个完整的指标项,应包括以下四个方面的基本要素。

1.指标名称

对指标的内容做出总体概括。名称要能简洁、准确地反映指标的特征、参数或属性。

2.指标释义

根据《中国人民解放军军语》(2011 年版)、《中国军事百科全书(第二版)》,以及约定俗成的语言,对指标给出清晰、规范的解释和说明,用于揭示指标的关键特征。需要时注明指标的适用条件、计算公式、测试方法、权重等有关内容。

3.指标量纲

量纲既可以是时间、速度、距离等绝对值参数,也可以是特定值与总值相比较的比例或比率(无量纲)。在作战效能和适用性指标体系清单中,对熟知、常识性、无歧义的指标及其量纲可以省略释义和量纲标注。

4.评价标准

评估标准是指标评估的衡量标准或度量值参考,一般用评价参考值替代。这个参考值要结合具体指标具体分析研究,有的是经理论计算得出的,有的是通过演习实践给出的,有的是部队或专家的期望值,有的是装备本身的战术技术性能指标。

(二)基本属性

属性是对象所具有的性质、特点。不同层级的指标具有不同的属性。因为作战使命和作战任务描述的是行动或活动,所以作战使命和作战任务指标属性注重的是输出,输出的结果就是获得预期效果。作战使命属性描述的是使命期望效果的特征,既可以是定量的,也可以是定性的。作战任务属性有助于评估一项任务是否在规定条件下完成,或完成了多少,一般是定量的。因为装备体系/系统描述的是客观对象,所以装备体系/系统指标属性衡量的是军事能力的有效发挥程度。

作战使命和作战任务指标属性基本关系如图2-1所示。

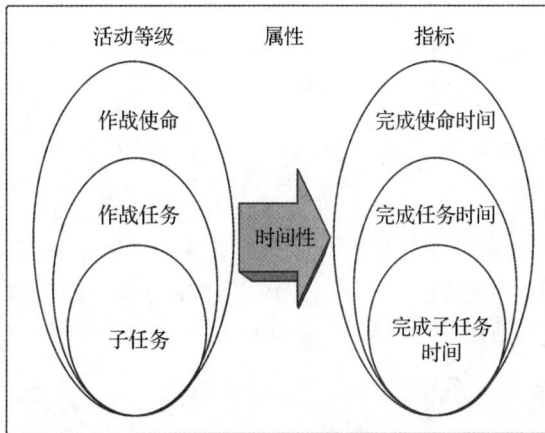

图2-1　作战使命和作战任务指标属性基本关系

指标属性的主要特征是逐级继承性和反向传导性。例如,时间是作战使命级的一个重要属性,下级的一个或多个任务同样具有该属性,且这个属性大多会延续到装备体系或系统级,可能一直传导至可测量的最末层。一个系统完成子任务的时间将影响上一级乃至整个作战使命的完成时间,"时间性"这个指标属性很好地体现了继承与传导特性。指标在上、下层级之间的逐级继承性和反向传导性,有助于快速追踪某一系统的缺陷。

当然,有些子任务或装备体系/系统级的附加属性不属于较高的作战使命和作战任务,但这些附加属性一定与作战使命和作战任务的完成有关,并以某种方式提供支撑。因此,指标在开发和分层构建过程中,层级越低,指标数量越多,相对于上级指标而言,指标具有延伸拓展的特性。

三、评估指标体系的定义与分类

评估指标体系是指由若干相互作用、相互依赖的评估指标所组成的评估准则或标准体系,通常由一组可度量的指标组成。

在装备作战试验评估过程中,针对同一评估对象可以根据评估任务的需要,选择某个合适的角度去观察和度量评估对象,建立相应的评估指标体系。评估指标体系可以根据评估任务、评估对象的不同建立不同的评估指标体系。例如,装备作战试验评估指标体系可以按评估任务的不同,分别建立作战效能评估指标体系、作战适用性评估指标体系、综合评估指标体系等。

由于评估指标体系中的有些指标属于派生指标,需要通过某些基础性指标进行计算而获得,因此,针对评估指标体系中的派生指标,还需要建立与之关联的下一级指标。从以往的实践看,由于装备作战试验评估的复杂性,评估指标体系往往由多级相互关联的指标构成比较完整的指标体系。

四、评估指标体系的重要性

作战试验评估指标体系的好坏关系到作战试验与鉴定评估是否科学、是否能够反映装备的真实效能和能力水平。指标体系设计是否科学、合理,直接关系到数据采集的完整性、后期鉴定评估质量的好坏,最终影响作战试验的效益和装备鉴定定型结论。

(一)评估指标体系是作战试验活动的核心

装备作战试验的考核对象是武器装备,根本目的是科学鉴定,指标是核心,数据是支撑。鉴定定型试验总案、作战试验大纲、作战试验实施方案和细则的拟制,评估指标体系都是其重要内容之一。从作战试验数据的采集、分析、评估到试验结论的评判,包括试验科目的设计和试验想定的编写,都是围绕评估指标体系展开的。

(二)评估指标体系是试验数据采集的依据

装备作战试验采集什么数据、怎样采集、采集多少次、采集的时机和方法,以及需要用什么样的数据采集设备,都要依据前期设计和构建好的评估指标体系确定。可以这样说,没有评估指标体系,就没有试验数据,这个"数据"是指有效的试验数据。近年来,我们在开展作战试验评估工作时,遇到的最大难题和困惑就是无效数据太多,可用于效能评估的数据少之又少,这与评估指标体系构建不合理不无关系。或者说,评估指标体系与数据采集还没有形成科学、合理的映射关系。

(三)评估指标体系是作战试验评估的基础

装备作战试验,就是从试验数据生成到试验结论形成的过程,评估指标体系就是这个过程中的"脊梁",评估指标的筛选、权重、标准(参考值)直接影响后期试验评估的结论。可以说,没有评估指标体系,作战试验就没有意义,作战试验评估也就无从谈起。

第二节　指标体系构建的原则和一般过程

一、指标体系构建的原则

指标体系构建是一个定性分析与定量分析相结合的过程,其中定性分析主要用于指标体系的初步确立,而定量分析则主要用于指标体系的完善。在装备作战试验评估活动中,为了使指标体系能够较好地满足评估工作需要,应当遵循以下原则。

1.目的性原则

指标体系应是对被试装备的本质特征、结构及其构成要素的客观描述,并为作战试验评估的目的服务,为试验鉴定结论的判定提供依据。

2.科学性原则

指标体系应围绕试验目的科学地反映被试装备及其特征,指标概念正确、含义清晰,尽可能避免显而易见的包含关系,对隐含的相关关系在处理时尽量将之弱化消除。

3.系统性原则

指标体系能全面地反映被评价对象的综合情况,抓住主要因素,既能反映直接效果,又要反映间接效果,保证综合评价的全面性和可信度。

4.简明性原则

在基本满足评估要求所需信息的前提下,尽量减少指标个数,降低各指标的关联度,突出主要指标,避免指标体系过于庞大,做到指标体系的选择既必要又充分。

5.可比性原则

指标应尽可能定量化。对于定性指标,必须采用相关方法处理,使之具有可比性。

6.可测性原则

能够通过数学公式、测试设备或试验统计等方法获利。指标的度量明确,便于定量分析和使用。

7.完备性原则

影响装备综合作战效能的所有关键性指标均应在指标体系中。指标体系具有广泛性、综合性和通用性。

8.独立性原则

指标之间应减少交叉,防止互相包含,具有相对的独立性。

二、指标体系构建的一般过程

指标体系构建是一个具体—抽象—具体的辩证逻辑思维过程,是一个对评估对象总体特征的认识逐步深化、逐步完善的过程。目前,国内外专家、学者在装备作战效能评估上有很多研究和著述,提出了各种各样的评估理论和方法,但在作战效能与适用性指标开发和指标体系构建上鲜有成果,更没有从理论上形成针对性、指导性、实用性很强的指标体系构建方法理论。我们以美军最新的《指标开发标准实施程序》为主要参考依据,结合近年来作战试验评估领域理论研究成果和实践经验,尝试性地提出了装备作战试验评估指标体系构建的思路和方法,即借鉴一体化设计和工程化编制方法,遵循从高到低、从复杂到简单的思路,以军事需求为牵引,紧贴装备作战使命,通过构设装备体系,剖析典型任务,细化能力指标,采用层次分析法逐级构建作战效能和适用性等各项指标,以此作为开展作战试验评估的基本依据。该设计思想,我们称为"面向需求基于使命的指标体系"构建方法。其基本步骤如下。

1.军事需求分析

构建装备作战试验评估指标体系,首要任务是把军事需求分析清楚。要以遂行作战任务对装备能力的需求为顶层指导,牵引指标体系开发构建,分析装备作战使命与军事需求满足程度,提出装备作战使命层面的任务满足度等相关考评指标。

2.装备体系构设

以装备作战运作需求为牵引,以典型部队军事行动和可能作战样式为背景,遵循装备体系发展规划,提出支撑完成作战使命和作战任务的骨干装备、配套保障装备和协同作战装备的装备体系类别。

3.任务能力剖析

以考核的装备(系统)为重点,研究典型作战任务流程和任务剖面,论证提出各流程阶段装备作战能力要求,为指标体系构建提供依据。

4.评估指标构设

全面评估装备实战能力,应按作战效能、作战适用性、体系适用性等一级指标设计,结合装备作战使用特点和能力需求,逐级细化和分解出相应的各级各项具体评估指标,形成有机衔接的评估指标体系。

第三节　装备作战效能评估指标体系构建

一、装备作战效能评估指标体系的概念

作战效能是指装备在规定条件下完成作战任务时所能发挥有效作用的程度。因为作战效能的定量指标需表述装备在作战中完成所赋予作战任务的概率,所以它常常是一种主观判断或某种价值判断。不同用途的装备或同一种装备在完成不同类型的任务时,其作战效能指标因试验与鉴定的目的不同而有所区别。装备作战效能评估指标体系是指由若干相互作用、相互依赖的度量作战效能的评估准则或标准组成的体系,通常由一组度量作战效能要素的指标组成。

作战效能是装备的核心能力。作战效能指标体系由多少个要素指标构成、怎样区分并不重要,重要的是内容要覆盖装备作战试验评估要求的能力范围。构建作战效能评估指标体系应通过分解关键作战行动来解析装备作战运用中的关键作战问题,规范描述支撑关键问题的能力要素,逐步分解映射形成评估指标,最后汇总形成评估指标体系。

二、作战效能评估指标体系构建的方法和步骤

以防空反导装备体系——抗击急火突击作战为例,阐述作战效能评估指

标体系构建的方法和步骤，具体如图 2-2 所示。

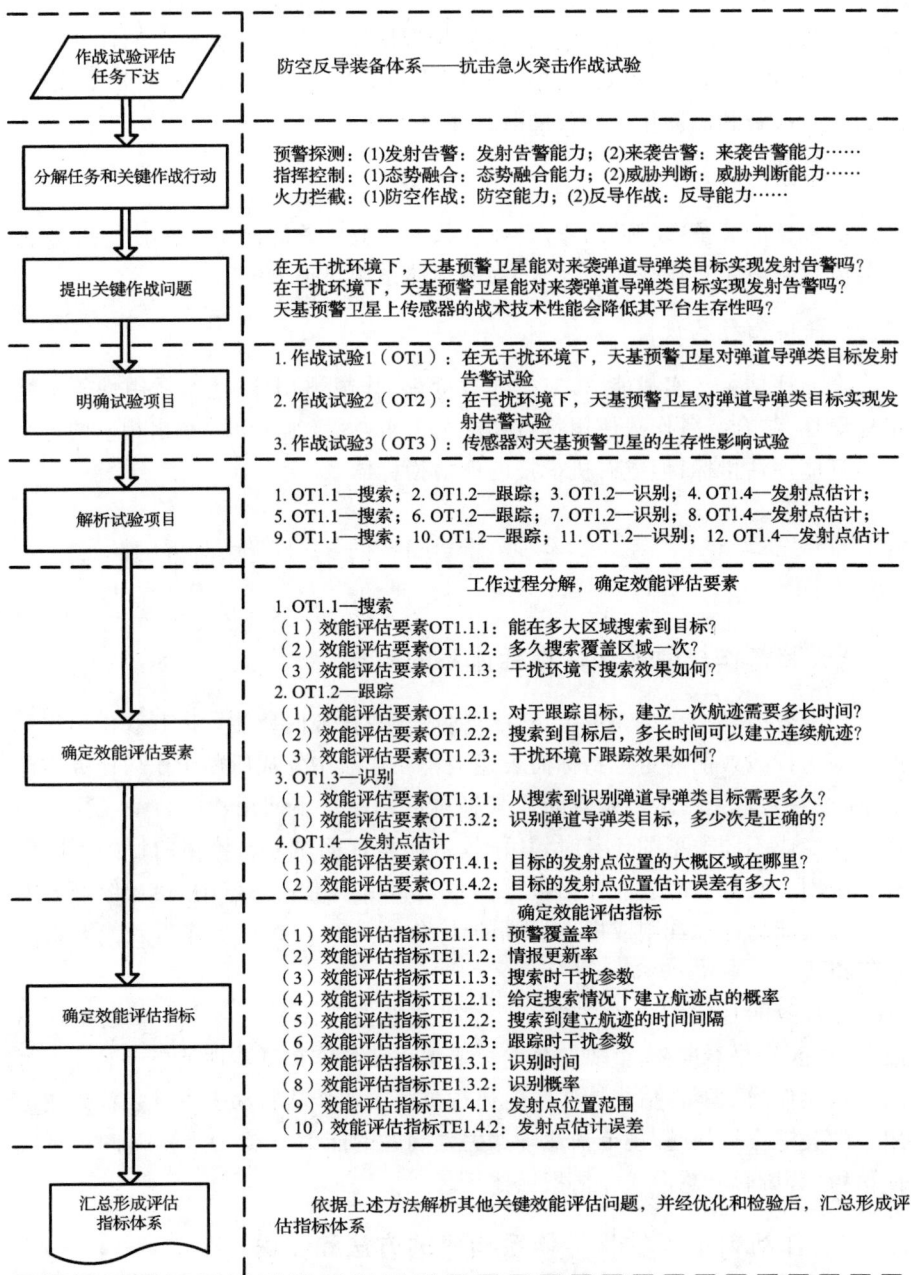

```
┌──────────────────┐
│ 作战试验评估       │    防空反导装备体系——抗击急火突击作战试验
│ 任务下达          │
└──────────────────┘
        ↓
┌──────────────────┐    预警探测：(1)发射告警：发射告警能力；(2)来袭告警：来袭告警能力……
│ 分解任务和关键作战行动 │    指挥控制：(1)态势融合：态势融合能力；(2)威胁判断：威胁判断能力……
└──────────────────┘    火力拦截：(1)防空作战：防空能力；(2)反导作战：反导能力……
        ↓
┌──────────────────┐    在无干扰环境下，天基预警卫星能对来袭弹道导弹类目标实现发射告警吗？
│ 提出关键作战问题   │    在干扰环境下，天基预警卫星能对来袭弹道导弹类目标实现发射告警吗？
└──────────────────┘    天基预警卫星上传感器的战术技术性能会降低其平台生存性吗？
        ↓
┌──────────────────┐    1.作战试验1（OT1）：在无干扰环境下，天基预警卫星对弹道导弹目标发射
│ 明确试验项目       │        告警试验
└──────────────────┘    2.作战试验2（OT2）：在干扰环境下，天基预警卫星对弹道导弹类目标实现发
                           射告警试验
                       3.作战试验3（OT3）：传感器对天基预警卫星的生存性影响试验
        ↓
┌──────────────────┐    1.OT1.1—搜索；2.OT1.2—跟踪；3.OT1.2—识别；4.OT1.4—发射点估计；
│ 解析试验项目       │    5.OT1.1—搜索；6.OT1.2—跟踪；7.OT1.2—识别；8.OT1.4—发射点估计；
└──────────────────┘    9.OT1.1—搜索；10.OT1.2—跟踪；11.OT1.2—识别；12.OT1.4—发射点估计
        ↓
                                   工作过程分解，确定效能评估要素
                       1.OT1.1—搜索
                       （1）效能评估要素OT1.1.1：能在多大区域搜索到目标？
                       （2）效能评估要素OT1.1.2：多久搜索覆盖区域一次？
                       （3）效能评估要素OT1.1.3：干扰环境下搜索效果如何？
                       2.OT1.2—跟踪
┌──────────────────┐    （1）效能评估要素OT1.2.1：对于跟踪目标，建立一次航迹需要多长时间？
│ 确定效能评估要素   │    （2）效能评估要素OT1.2.2：搜索到目标后，多长时间可以建立连续航迹？
└──────────────────┘    （3）效能评估要素OT1.2.3：干扰环境下跟踪效果如何？
                       3.OT1.3—识别
                       （1）效能评估要素OT1.3.1：从搜索到识别弹道导弹类目标需要多久？
                       （1）效能评估要素OT1.3.2：识别弹道导弹类目标，多少次是正确的？
                       4.OT1.4—发射点估计
                       （1）效能评估要素OT1.4.1：目标的发射点位置的大概区域在哪里？
                       （2）效能评估要素OT1.4.2：目标的发射点位置估计误差有多大？
        ↓
                                   确定效能评估指标
                       （1）效能评估指标TE1.1.1：预警覆盖率
                       （2）效能评估指标TE1.1.2：情报更新率
                       （3）效能评估指标TE1.1.3：搜索时干扰参数
┌──────────────────┐    （4）效能评估指标TE1.2.1：给定搜索情况下建立航迹点的概率
│ 确定效能评估指标   │    （5）效能评估指标TE1.2.2：搜索到建立航迹的时间间隔
└──────────────────┘    （6）效能评估指标TE1.2.3：跟踪时干扰参数
                       （7）效能评估指标TE1.3.1：识别时间
                       （8）效能评估指标TE1.3.2：识别概率
                       （9）效能评估指标TE1.4.1：发射点位置范围
                       （10）效能评估指标TE1.4.2：发射点估计误差
        ↓
┌──────────────────┐    依据上述方法解析其他关键效能评估问题，并经优化和检验后，汇总形成评
│ 汇总形成评估       │    估指标体系
│ 指标体系          │
└──────────────────┘
```

图 2-2 作战效能评估指标体系构建的方法和步骤

1.作战试验评估任务下达

装备试验与鉴定管理部门组织作战试验单位、试验部队,依据批准的试验与鉴定总案、研制总要求、作战试验年度计划等,编制作战试验想定和作战试验大纲,并将相关作战试验任务下达给各参试单位。本书以防空反导装备体系——抗击急火突击作战试验任务为例进行说明。

2.分解任务和关键作战行动

参试单位根据作战试验年度计划、作战试验想定和作战试验大纲,分解作战试验任务,明确其每项作战试验子任务的试验目的和相关要求。在此基础上,结合装备作战使命和作战任务分析,对装备作战使用过程中的关键作战行动进行层层分解,明确每项作战试验子任务涉及的关键作战行动及能力预期。

将抗击急火突击作战试验任务分解为预警探测、指挥控制和火力拦截三项关键作战行动,针对每项关键作战行动提出能力预期。

3.提出关键作战问题

根据关键作战行动分解和分项能力预期分析,提出影响装备作战效能发挥的关键作战问题。美军是这样定义关键作战问题的:"必须在作战试验与鉴定(OT&E)中进行考核的作战效能(OE)问题,用于确定系统的使命执行能力。"一般来说,关键作战问题以合理的作战效能(OE)问题形式进行表述。美军作战试验与鉴定的主要目的是解决系统的关键作战问题。关键作战问题就是任务的关键要素或作战目标,必须在作战试验与鉴定中进行检验以确定系统支持任务完成的关键能力。关键作战问题是美军构建作战试验与鉴定指标体系的基础。

将抗击急火突击作战预警探测行动中的发射告警能力进行分解,提出"天基预警卫星能在实战环境下对来袭弹道导弹类目标实现发射告警吗?""传感器战技术性能对平台生存性有影响吗?"等关键作战问题。

4.明确试验项目

关键作战问题是作战试验评估的基本输入。一个关键作战问题可对应一个或多个试验项目。本书将三个作战问题转化为 OT1、OT2、OT3 三个试验项目。

5.解析试验项目

根据分解的关键作战行动和装备体系功能属性,每一个试验项目可分解成若干子试验项目。本节将 OT1、OT2、OT3 三个试验项目分解为 OT1.1～OT1.4 四个子试验项目。

6.确定效能评估要素

梳理支持子试验项目的装备功能要素或战术技术性能。分析子试验项目与装备能力或功能的相互耦合映射关系,提出问题清单。问题清单与关键作战问题的区别是,问题清单描述的是装备作战运用中完成某一功能的战技参数,如"多久搜索覆盖区域一次"等基础评估要素,而关键作战问题描述的是影响装备完成作战使命和作战任务的有关重要问题,前者比后者更具体。

7.确定效能评估指标

将表征效能评估要素的问题用效能评估指标量化,即可确定效能评估指标。该指标不是研制总要求规定的装备战术技术性能指标,而是装备在作战使用过程中预期能力的细化描述。本节对防空反导装备预警探测行动中发射告警问题进行解析,设计出效能评估指标,如图 2-3 所示。

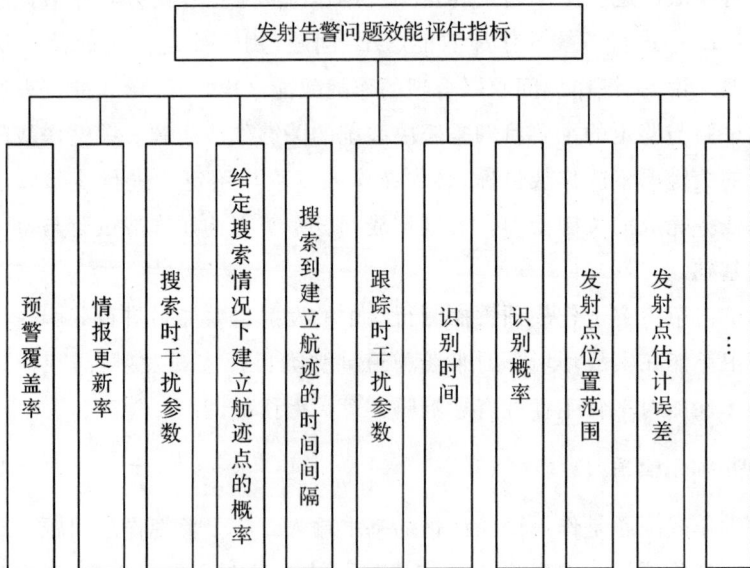

图 2-3 发射告警问题效能评估指标示意图

8.汇总形成评估指标体系

分别对装备作战使用中的所有关键作战问题进行解析,即可汇总形成完整的评估指标体系。

第四节　作战适用性评估指标体系构建

一、作战适用性评估指标体系的概念

作战适用性是指装备在实际使用环境下满足作战运用要求的能力和程度。作战适用性评估应主要考虑对自然环境、电磁环境等战场环境的适应性,装备存储、运输、使用等过程中的安全性,装备的可靠性,装备的机动性,装备的通用化、标准化程度,装备的人机功效等。

1.战场环境的适应性

战场环境的适应性描述武器装备在全生命周期内预计可能遇到的自然环境、电磁环境等的作用下能实现其所有预定功能、性能和不被破坏的能力。

2.作战使用的安全性

作战使用的安全性描述武器装备存储、运输、使用等过程中具有的不导致人员伤亡、系统毁坏、重大财产损失或不危及人员健康和环境的能力。

3.装备的可靠性

装备的可靠性描述武器装备在规定的时间内、规定的条件下,完成规定功能的能力,一般用平均故障修复时间、维修便利性等参数来度量。

4.装备的机动性

装备的机动性描述武器装备自行或借助牵引、运载工具,利用铁路、公路、水路、海上、空中和空间等任何方式有效转移的能力。

5.装备的标准化

装备的标准化描述武器装备及其零部件的通用化、模块化、系列化、可组合化的程度。

6.装备的人机工效

装备的人机工效描述人与武器装备之间环境适应性的程度。

二、典型作战适用性评估指标体系构建

为了给读者在构建作战适用性指标体系时提供参考,本节先设想一个比较典型的顶层共性指标作为构建作战适用性评估指标体系的基础,主要包括战场环境的适应性、作战使用的安全性、装备的可靠性、装备的机动性、装备的标准化、装备的人机工效等六个二级指标,如图 2-4 所示。

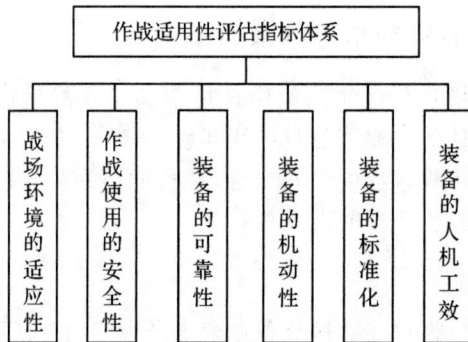

图 2-4　作战适用性评估指标

第五节　体系适用性评估指标体系构建

一、体系适用性评估指标体系的概念

体系适用性是指在规定的作战体系对抗环境条件下,装备适应作战体系,并影响作战体系的能力。体系适用性评估指标体系主要考虑被试装备与相关参试装备之间信息融合、体系融合、体制融合,以及互通复用等方面的问题,主要指标包括体系集成度/融合度、体系贡献率。

1.体系适应性

体系适应性描述武器装备在装备体系作战实际运用中有效使用的满足程度,或在作战使用过程中能够保持可用的程度。

2.体系集成度/融合度

体系集成度/融合度描述武器装备融入作战体系与特定装备体系内其他装备之间进行信息融合、体系融合、体制融合、互操作,以及协同作战等的能力。

3.体系贡献率

体系贡献率描述武器装备自身作战能力对整个装备体系作战效能的影响程度。

二、典型体系适用性评估指标体系构建

为了给读者在构建作战适用性指标体系时提供参考,本书设想一个体系适用性评估指标体系作为构建作战适用性评估指标体系的基础,主要包括体系适应性、体系集成度/融合度、体系贡献率三个二级指标,如图 2-5 所示。

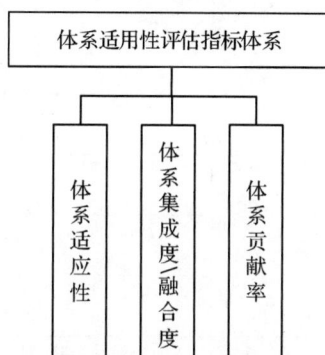

图 2-5　体系适用性评估指标

第六节　综合评估指标体系构建

一、综合评估指标体系的概念

综合评估是指对多属性的对象做出全局性、系统性、整体性的评价。综合评估指标体系需要系统、全面地反映评估对象的本质特征和整体能力。武器装备是典型的多属性系统。武器装备的作战效能、作战适用性、体系适用性指标等分别是从不同角度反映装备实战化能力的基本要素。本书提出的装备作战试验综合评估指标体系,是从装备的作战效能、作战适用性、体系适用性,以及其他性能评估出发,综合构建的一套装备实战化能力评估指标体系。

二、典型综合评估指标体系构建

为了给读者在构建装备实战化能力综合指标体系时提供参考,本节以某

型装备为评估对象,在前面所提出的装备作战效能、作战适用性、体系适用性,以及其他性能两级评估指标体系基础上,进一步分解二级指标,构建的一套综合评估三级指标体系,如表 2-1～表 2-4 所示。

表 2-1　装备实战化能力综合评估三级指标体系(作战效能)

序　号	二级指标	三级指标
1	侦察效能 A01	侦察范围
		发现概率
		精度
		定位概率
		跟踪概率
2	预警效能 A02	目标类型识别能力
		告警时间
		目标定位精度
		目标威胁预报
3	射击效能 A03	最大有效射程
		最小有效射程
		射弹散布误差
4	制导效能 A04	多弹药制导能力
		制导精度
5	干扰效能 A05	干扰的高低角
		方位角
		频率范围
		天线增益
6	毁伤效能 A06	毁伤概率
		战斗部威力

表 2-2　装备实战化能力综合评估三级指标体系(作战适用性)

序　号	二级指标	三级指标
1	战场环境的适应性 A11	自然环境适应性
		电磁环境适应性
2	作战使用的安全性 A12	存储安全性
		运输安全性
		使用安全性
3	装备的可靠性 A13	平均故障修复时间
		维修便利性
4	装备的机动性 A14	静载荷
		动载荷
		装卸载加固
5	装备的标准化 A15	标准化率
		标准化系数
6	装备的人机工效 A16	人员因素
		装备因素
		环境因素

表 2-3　装备实战化能力综合评估三级指标体系(体系适用性)

序　号	二级指标	三级指标
1	体系适应性 A21	体系保障适应性
		体系编成适应性
2	体系集成度/融合度 A22	互联性
		互通性
		互操作性
3	体系贡献率 A23	需求满足度
		效能提升度

表 2-4 装备实战化能力综合评估三级指标体系(其他指标)

序　号	二级指标	三级指标
1	装备的适编性 A31	装备数量的适当性
		装备与任务的适用性
2	装备的经济性 A32	平均保障费用
		平均寿命周期费用
		费效比
…	…	…

第三章　装备作战试验评估指标体系优化与处理

初步构建的评估指标体系类型多样、层次复杂、相关性高,容易发生重叠,最终将影响评估结论的有效性,因此,需进一步对评估指标进行优化。指标体系经过不断优化和改进后,可采用内涵检验和保值性检验等方法对指标体系优化结果是否合理进行检验,及时发现存在的问题和不足,随即进行修改和完善,最终使评估指标体系能够很好地为开展评估工作服务。

第一节　评估指标体系优化与检验

一、评估指标体系优化

一般来说,评估指标数量过少,所选的指标可能缺乏代表性,评估结果会产生片面性;评估指标数量越多,确定指标的内容和重要程度越困难,处理过程和建模程度就越复杂,从而出现过失的可能性就越大,同时也给数据采集带来很大负担。由于指标体系是否科学、合理直接影响评估结果的准确与否,因此,在指标体系构建后,必须对指标体系进行优化,减掉不必要的指标,去除彼此相关的指标,组合同类指标,从而简化评估过程,提升评估结论的准确性。目前常用的评估指标体系优化方法包括基于极大不相关法指标简化、基于主成分分析的指标组合等。

二、评估指标体系检验

评估指标体系检验重点关注评估指标体系的完整性、合理性和有效性。

1.完整性检验

完整性检验主要是检验评估指标体系中是否有遗漏和重叠的情况,保证同层指标之间的相互独立性。对于完整性存在问题的评估指标,一般采用合并或分离处理,合并即是将交叉、重叠的指标合并为一个指标,分离即是将交叉、重叠的部分抽取出来形成新的指标。可采取专家评审的方式对评估指标体系的完整性进行检验。

2.合理性检验

合理性检验主要是检验构建的评估指标体系能否科学、合理地反映作战效能评估的本质和特点。在实际开展评估工作中,太过粗泛的评估指标体系往往容易导致评估工作覆盖不全,太过精细的评估指标体系过于烦杂,容易引起评估判断混乱,影响指标权重分配,导致评估结果失真。在构建评估指标体系时,应综合考虑评估结论的精细要求,采取权值比较判断的方法对评估指标体系进行分析和筛选,去除部分权值过小的指标,完成对评估指标体系的简化处理。

3.有效性检验

有效性检验主要是对评估数据差异较大的情况进行优化和调整。对同一评估指标而言,不同评估人员对其在作战任务中的重要性的认识可能存在一定偏差,导致的后果是在实际评估过程中采用同一指标体系对同一对象进行评估时得到不同的数据,评估结果不能真实地反映评估对象。可采用效度系数法对评估指标体系进行有效性检验。

第二节 评估指标归一化处理方法

一、综合评估指标归一化处理概述

在评估指标体系中,各个评估指标值的单位和量级往往是不同的,各指标间存在着不可公度性,给综合评估带来了困难。为了排除各指标的单位不同,以及数值数量级之间的悬殊差别所带来的影响,需要对评估指标进行归一化处理,包括对指标的一致化处理和无量纲化处理。所谓一致化处理就是将评估指标类型统一。指标体系中往往有极大型指标、极小型指标、居中型指标和区间型指标等,各种类型的指标有不同的特点,在对指标进行综合评估之前,需要将评估指标的类型做一致化处理,即考虑所选评估模型的特点,尽可能将指标的类型减少。例如,将各类指标都转化为极大型指标,或极小型指标,或居中型指标,或区间型指标。一般的做法是将非极大型指标转化为极大型指标。但是,在不同的指标权重确定方法和评估模型中,指标一致化处理也有差异。

所谓无量纲化,也称为指标的规范化,是通过数学变换来消除原始指标单位及其数值数量级影响的过程,这是指标综合的前提。因此,指标经过规范化后就由实际值转化成评估值。无量纲化过程就是将指标实际值转化为评估值的过程,通常将指标无量纲化以后的值称为评估值。

在综合评估及其决策分析过程中,评估指标的归一化十分重要。

第一,指标的归一化是综合评估的前提。

第二,指标的归一化是综合评估的重要环节。

第三,指标的归一化是综合评估结果有效性的保障。

二、评估指标归一化处理方法

对指标进行归一化可采用相应的函数对不同类型的指标进行处理。常采用线性函数和非线性函数作为归一化处理的数学变换方式。常用的指标归一化处理有以下几种方法。

(一)阈值法

阈值法也称临界法,是衡量事物发展变化的一些特殊指标值,如极大值、极小值、满意值和不允许值等。阈值法是用指标实际值与阈值相比以得到指标评估值的无量纲化方法,设 m 为指标的观测值个数。典型公式如下:

$$y_i = \frac{x_i}{\max\limits_{1 \leqslant i \leqslant m} x_i} \tag{3-1}$$

(二)统计标准化法

按统计学原理对实际指标进行标准化,取

$$y_i = \frac{x_i - \overline{x}}{s} \tag{3-2}$$

式中:y_i——装备实战化能力指标评估值;

　　$\overline{x}$——指标实际值的平均值,即

$$\overline{x} = \frac{1}{m} \sum_{i=1}^{m} x_i \tag{3-3}$$

　　x_i——实际指标值;

　　S——指标实际值的二次方根差,即

$$S = \sqrt{\frac{1}{m-1}\sum_{i=1}^{m}(x_i - \overline{x})^2} \tag{3-4}$$

(三)定性指标标准化处理

评估指标出现定性指标是经常会碰到的,定性指标是很难直接进行定量描述的,只能通过"优、良、差"等语言值进行定性判断。为了与定量指标组成一个有机的评估体系,必须对定性指标进行归一化处理,因此,需要一个定性指标量化的过程。常用的简单处理方法是采用直接打分法和量化标尺量化法。

1.直接打分法

直接打分法是受咨询专家根据自己的经验知识对定性指标直接做出价值判断,用一个明晰数来度量对指标的满意程度。该方法虽然简便,但给专家的评价带来了很大的难度,客观事物的复杂性和主体判断的模糊性导致专家很难较准确地做出判断。

2.量化标尺量化法

心理学家米勒(G. A. Miller)通过试验证明,在对不同的物体进行辨别时,普通人能够正确区别的等级在5～9。推荐使用5～9个量化级别,可能时尽量使用9个等级。可以把定性评判的语言值通过一个量化标尺直接映射为定量的值,常用的量化标尺如表3-1所示。考虑使用方便,这里使用了0.1～0.9的数作为量化分数,极端值0和1通常不同。

表 3-1　定性指标的量化标尺

等　级	分　数								
	0.1	0.2	0.3	0.4	0.5	0.6	0.7	0.8	0.9
9	极差	很差	差	较差	一般	较好	好	很好	极好
7	极差	很差	差		一般		好	很好	极好
5	极差		差		一般		好		极好

3.标度量化法

标度量化法将语言值量化成模糊数。常用的模糊数有三角模糊数和梯形模糊数。图3-1为一种常见的三角模糊数两极比例量化法。这种量化方法能够较好地避免丢失模糊信息,但计算过程较复杂,尤其是最后的排序。

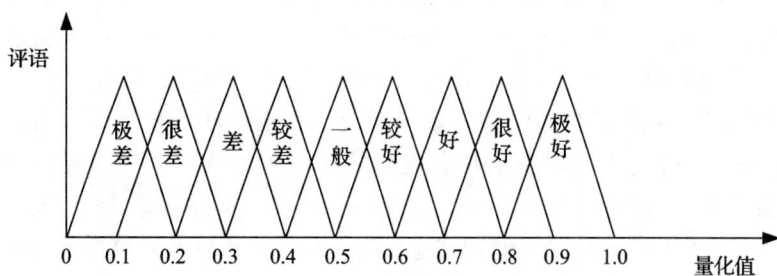

图 3-1　三角模糊函数两极比例量化法

为了避免仅以隶属度 0 或 1 来选择某一评判等级,可以利用模糊统计的方法确定定性指标对评判等级的隶属度向量,然后把归一化的隶属度向量和每一评判等级所对应的量化值进行加权,就可以得到定性指标的量化值。基本步骤如下:

(1)确定评判等级 $V = \{v_1, v_2, \cdots, v_m\}$;

(2)组织多位专家对系统指标进行评判,假设专家对评判等级的评判频数为 $U = \{u_1, u_2, \cdots, u_m\}$,则 U 就是系统指标对评判等级 V 的隶属度向量。

(3)把每一个评判等级的量化值与归一化的隶属度向量进行加权。

第三节　评估指标权重确定方法

一、指标权重确定方法概述

为了准确评估装备的实战化能力,必须从多个角度、多个方面对它进行分析和研究。装备作战试验评估指标体系是一个由多因素构成的相互联系、相互作用的复杂体系。在评估指标体系中,一个指标反映总体一个方面的特征。要想全面反映总体的状况,就要将这些指标综合考虑,根据每个指标对装备实战化能力的影响程度进行赋权。对于任何多指标评估系统,各评估指标的相对重要程度是不同的,即指标权重是互不相同的。

"权"(Weight)这个词出自数理统计学。在权威的韦氏大词典中,对"Weight"的专业词义解释如下:"在所考虑的群体(Group)或系列(Series)中赋予某一项目(Item)的相对值。"

多目标评估决策中的权重,是指每项指标对总目标实现的贡献程度,反映了各指标在评估对象中的价值系数。不同的权重将导致不同的评估结果,如果权重数值的确定不合理,那么评估指标确定的全面与否将失去意义。在装备实战化能力评估中,确定各指标相对于总指标的权重常常是一个引起争论的问题,合理地确定指标权重对任何装备的评估都是非常重要的。

目前,有关权重的确定方法有数十种之多。根据计算权重时原始数据的来源不同可以分为主观赋权法和客观赋权法。主观赋权法主要有相对比较法、专家咨询法、层次分析法(Analytic Hierarchy Process,AHP)等,其研究比较成熟。这类方法的特点是能较好地反映评估对象所处的背景条件和评估者的意图,但各个指标权重系数的准确性有赖于专家的知识和经验的积累,具有较大的主观随意性。客观赋权法的原始数据来自于评估矩阵的实际数据,如熵值法、拉开档次法、逼近理想点法等。

二、典型指标权重确定方法

(一)相对比较法

相对比较法的过程如下:先将所有的装备评估指标 $X_j(j=1,2,\cdots,n)$ 分别按行和列排列,构成一个正方形的表;然后根据三级比例标度对任意两个指标的相对重要关系进行分析,并将评分值记入表中相应的位置;再将各个指标评分值按行求和,得到各个指标的评分总和;最后做归一化处理,求得指标的权重系数。

若三级比例标度两两相对比较评分的分值为 q_{ij},则标度值及其含义如下:

$$q_{ij}=\begin{cases}1, & \text{当}X_i\text{比}X_j\text{重要时} \\ 0.5, & \text{当}X_i\text{比}X_j\text{同样重要时} \\ 0, & \text{当}X_i\text{比}X_j\text{不重要时}\end{cases} \qquad (3-5)$$

在评估构成的矩阵 $\boldsymbol{Q}=(q_{ij})_{m\times n}$ 中,指标 X_i 的权重系数如下:

$$w_i=\frac{\sum_{j=1}^{n}q_{ij}}{\sum_{i=1}^{n}\sum_{j=1}^{n}q_{ij}} \qquad (3-6)$$

使用该方法确定指标权重时,任意两个指标之间的相对重要程度要有可比性。这种可比性在主观判断评分时,应满足比较的传递性,即若 X_1 比 X_2 重要,X_2 比 X_3 重要,则 X_1 比 X_3 重要。

如对一般装备而言,作战效能($X_{效能}$)重要度大于作战适用性($X_{作战}$),

作战适用性大于体系适用性($X_{体系}$),体系适用性大于其他性能($X_{其他}$),则

$$Q = \begin{bmatrix} X_{效能} & X_{作战} & X_{体系} & \\ X_{作战} & & & X_{其他} \\ X_{体系} & & & \\ X_{其他} & & & \end{bmatrix} = \begin{bmatrix} 0.5 & 1 & 1 & 1 \\ 0 & 0.5 & 1 & 1 \\ 0 & 0 & 0.5 & 1 \\ 0 & 0 & 0 & 0.5 \end{bmatrix} = \begin{bmatrix} 3.5 \\ 2.5 \\ 1.5 \\ 0.5 \end{bmatrix}$$

归一化处理,得

$$X_{效能} + X_{作战} + X_{体系} + X_{其他} = 1$$

得到

$$\begin{bmatrix} X_{效能} \\ X_{作战} \\ X_{体系} \\ X_{其他} \end{bmatrix} = \begin{bmatrix} 0.437 \\ 0.312 \\ 0.188 \\ 0.063 \end{bmatrix}$$

(二)专家咨询法

专家咨询法,又称德尔菲法,即组织若干对某型装备系统熟悉的专家,通过一定方式对指标权重独立地发表见解,并用统计方法做适当处理。其具体做法如下:

(1)组织 n 位专家,对 m 个指标 $X_j (j = 1, 2, \cdots, m)$ 的权重进行估计,得到指标权重估计值 $w_{n1}, w_{n2}, \cdots, w_{nm}$。

(2)计算 n 位专家给出的权重估计值的平均估计值:

$$\overline{w_j} = \frac{1}{n} \sum_{i=1}^{n} w_{ij} \quad (j = 1, 2, \cdots, m) \tag{3-7}$$

(3)计算估计值和平均估计值的偏差:

$$\Delta_{ij} = | w_{ij} - \overline{w_{ij}} | \quad (i = 1, 2, \cdots, n; j = 1, 2, \cdots, m) \tag{3-8}$$

(4)对于偏差 Δ 较大的第 j 指标权重估计值,再请第 i 位专家重新估计,经过几轮反复,直到偏差满足一定的要求为止,最后得到一组指标权重的平均估计修正值 $\overline{w_j}(j = 1, 2, \cdots, m)$。

专家咨询法是一种实用的多指标、多目标复杂问题决策方法,计算过程简单,缺点是打分带有主观性,结果随每位专家可能看待的角度不同而产生偏差。

第四节　典型综合评估指标的聚合方法

装备作战试验中可选择不同类型的评估指标来表述装备的实战化能力。本节对指数型和比例型两种典型评估指标在综合评估中的使用和聚合方法进

行介绍。

一、指数型评估指标及其聚合方法

(一)基本概念

指数型评估指标是将装备实战化能力用一个量化指数(或称数值)来表述装备作战试验的基本结果,即用这个指数的大小代表装备实战化能力的高低或强弱。

在装备实战化能力评估过程中,如果将装备的作战效能、作战适用性、体系适用性和其他性能指标分别进行归一化处理,形成指数型指标后,通常还需要采取一定的方式,进一步将其聚合成一个表述装备实战化能力的指标。本节在此介绍一种生成装备实战化能力的积型聚合方法,即将作战效能指数作为装备实战化能力的基本指标,适用性指数和其他性能指数作为作战效能指数的调整系数,按照积的方式进行聚合,如果适用性系数有一个为"0",那么评估结果为"0"。

(二)聚合模型

设装备实战化能力指数为 $C_{能力}$,装备实战化能力是装备作战效能指数的自然对数与装备的适用性系数的积,即

$$C_{能力} = (\ln E_{效能}) \cdot A_{适用性} \tag{3-9}$$

式中:$C_{能力}$ ——实战化能力指数;

$\quad E_{效能}$ ——作战效能指数;

$\quad A_{适用性}$ ——适用性系数。

适用性系数 $A_{适用性}$ 是作战适用性、体系适用性和其他性能系数的积,即

$$A_{适用性} = \varepsilon_{作战} \cdot \varepsilon_{体系} \cdot \varepsilon_{其他} \tag{3-10}$$

式中:$\varepsilon_{作战}$ ——装备作战适用性系数;

$\quad \varepsilon_{体系}$ ——装备体系适用性系数;

$\quad \varepsilon_{其他}$ ——装备其他性能评估系数。

作战效能指数 $E_{效能}$:

$$E_{效能} = W_{效能1}\ln E_{效能1} + W_{效能2}\ln E_{效能2} + \cdots + W_{效能n}\ln E_{效能n} \tag{3-11}$$

式中:$E_{效能1}$ ——第 1 项作战效能;

$\quad W_{效能1}$ ——第一项指标权重;

$\quad E_{效能2}$ ——第 2 项作战效能;

$W_{效能2}$ ——第一项指标权重；

$E_{效能n}$ ——第 n 项作战效能；

$W_{效能n}$ ——第 n 项指标权重。

实战化能力指数能力可表示为

$$C_{能力} = (W_{效能1} \ln E_{效能1} + W_{效能2} \ln E_{效能2} + \cdots + W_{效能n} \ln E_{效能n}) \cdot \varepsilon_{作战} \cdot \varepsilon_{体系} \cdot \varepsilon_{其他}$$

$$(3-12)$$

(三)适用范围

指数型评估指标及积型聚合方法适用于装备实战化能力的综合评估，以装备作战效能为基本指标，以适用性能力为调整系数。这种方法计算简单，数学表述清晰，特别是装备的适用性对装备作战能力的形成有颠覆性影响的装备能力综合评估，因为如果某项适用性系数为"0"，那么装备实战化能力的评估结果也为"0"。例如，高原作战装备，如果不能适用海拔高于 3 000 m 的应用，那么装备在高原条件下的实战化能力应为"0"。

二、比例型评估指标及其聚合方法

(一)基本概念

比例型评估指标是将装备实战化能力用一个无量纲比例值来表述，作为装备作战试验的基本结果，即用这个比例值的大小代表装备实战化能力的优劣或强弱。例如，用 100 表示最优，如果能力值为 80，那么将装备实战化能力指标转化成相对最优值的比例数，为 80%。

在装备实战化能力评估过程中，如果将装备的作战效能、作战适用性、体系适用性和其他性能指标分别进行归一化处理，形成比例型指标后，通常还需要采取一定的方式，进一步将其聚合成一个表述装备实战化能力的指标。本节在此介绍一种生成装备实战化能力的线性和聚合方法，即将作战效能、作战适用性、体系适用性和其他性能指标的加权之和作为装备实战化能力的综合评估结果。按照线性和的方法进行聚合，即使某项指标结果为"0"，综合评估结果也不会为"0"。

(二)聚合模型

设装备实战化能力指数为 $C_{能力}$，装备实战化能力是装备作战效能、作战适用性、体系适用性和其他性能的线性和，即

$$C_{能力} = f_{能力}(E_{效能}, A_{作战}, A_{体系}, A_{其他}) \cdot \rho$$
$$= E_{效能} W_{效能} + A_{作战} W_{作战} + A_{体系} W_{体系} + A_{其他} W_{其他}$$
$$= 100\% \tag{3-13}$$

$$W_{效能} + W_{作战} + W_{体系} + W_{其他} = 1 \tag{3-14}$$

式中：$C_{能力}$ ——装备实战化能力比例值；

$E_{效能}$ ——装备作战效能比例值；

$W_{效能}$ ——作战效能的权重系数；

$A_{作战}$ ——装备作战适用性比例值；

$W_{作战}$ ——作战适用性的权重系数；

$A_{体系}$ ——装备体系适用性比例值；

$W_{体系}$ ——体系适用性的权重系数；

$A_{其他}$ ——装备其他性能比例值；

$W_{其他}$ ——其他性能的权重系数；

ρ ——调整系数，$0 < \rho \leqslant 1$，其中 $\rho = 0$ 表示某项关键能力不符合要求，装备无实战化能力。

(三)应用方法

线性和聚合方法有两个关注的重点：一个重点是权重的形成，采用专家打分法、层次分析法、模糊评价法等确定权重；另一个重点是测量指标的比例数转换，需要按照指标数据的不同类型选择使用不同的比例数转换方法。指标越大越好的是效益型数据，指标越小越好的是成本型数据，指标在一个取值范围的是区间型数据，指标只有 0、1 两种选择的是成败型数据，指标有多个既定选择的是多选型数据。

1.效益型数据

$$A = \begin{cases} \dfrac{D_i}{D_{\max}} \times 100\%, & D_i < D_{\max} \\ 100\%, & D_i \geqslant D_{\max} \end{cases} \tag{3-15}$$

式中：A ——某指标的作战试验得分；

D_i ——某指标的作战试验现场测量值；

$D_{\max}$ ——对该指标期望的最大值。

如车辆行驶里程，要求是一次巡航 1 000 km，实测值仅为 800 km，则在行驶里程这项指标上本次试验得 80 分，记 80%。

2.成本型数据

$$A = \begin{cases} \dfrac{D_i}{D_0} \times 100\%, & D_i \leqslant D_0 \\ 0, & D_i > D_0 \end{cases} \tag{3-16}$$

式中：D_0——阈值，要求指标不能大于 D_0，否则不得分；

　　　D_i——试验结果，越小越好。

3.区间型数据

$$A = \begin{cases} 1 - \dfrac{\left| \dfrac{D_{\max} - D_{\min}}{2} \right| - |D_i|}{\left| \dfrac{D_{\max} - D_{\min}}{2} \right| - |D_{\min}|} \times 100\%, & D_{min} < D_i < D_{\max} \\ 0, & D_i > D_{\max} \text{ 或 } D_i < D_{\min} \end{cases} \tag{3-17}$$

式中：$D_{\max}$——指标上限；

　　　$D_{\min}$——指标下限；

　　　D_i——试验测量值，超出区间为 0 分。

4.成败型数据

$$A = \begin{cases} 0, & D_i \neq D_0 \\ 100\%, & D_i = D_0 \end{cases} \tag{3-18}$$

D_0 是一个预期必须满足的指标，达到就得 100%，达不到就没分，即成功计为 100%，不成功计为 0%。

5.多选型数据

$$\{NO_1, NO_2, \cdots, NO_n\} \in D_i \tag{3-19}$$

满足某个条件 NO_1，其次 NO_2……以此类推到 NO_n。

(四)适用范围

比例型评估指标聚合方法的应用范围比较广，主要适用以下范围：

(1)通过直接给定装备能力目标值，检验装备实战化能力达到目标要求的程度；

(2)通过与同类装备比较得出实战化能力；

(3)通过关键作战问题，检验装备解决关键作战问题的能力；

(4)适用于评估一些装备某项作战适用性指标达不到要求，也不会造成装备实战能力完全丧失的场合。

第四章 装备作战试验评估技术方法

本章系统地分析和梳理在装备作战试验评估中常用的几种评估技术方法，主要包括层次分析法、网络层次分析法、模糊综合评估法、灰色白化权函数聚类法（隶属度评价法）、逼近理想解排序法（TOPSIS综合评估法）、ADC效能评估法、系统效能分析法、基于粗糙集的评估技术方法、基于质量功能展开的评估技术方法、基于系统动力学模型的评估技术方法、基于探索性分析的评估技术方法、基于大数据及机器学习的评估技术方法、基于矢量分析的评估技术方法、云模型评估法、基于对抗仿真的体系贡献率评估技术方法、基于智能体（Agent）建模仿真的评估技术方法等。

第一节 层次分析法（AHP法）

层次分析法是一种定性分析与定量计算相结合的方法，经常用于装备作战试验评估中解决那些难以完全用定量方法进行分析计算的复杂问题。

一、基本概念

层次分析法（AHP法）是20世纪70年代美国运筹学家托马斯·塞蒂（T. L. Saaty）提出的一种系统分析方法。层次分析法是一种实用的多准则决策方法。它将一个复杂问题表示为有序的递阶层次结构，通过主观判断对装备的优劣进行排序。层次分析法能够统一处理决策中的定性与定量因素，具有实用性、系统性、简洁性等优点。其不足之处是遇到因素众多、规模较大的问题时，容易出现问题，而且评价结果带有主观性。

层次分析法应用于装备作战试验评估时，先要确定评估的目标要求（评估总指标），据此找出影响达到此目标的各种因素（分指标），再将各个因素按照不同属性继续分解，形成自上而下、影响有序的因素层次体系。同一层的诸因素从属于上一层的因素或对上一层的因素有影响，同时又支配下一层的因素或受到下一层的因素的作用。

最上层为目标层,通常只有一个因素,最下层通常为方案层或对象层,中间可以有一个或几个层次,通常为准则层或指标层。层次体系的层次数决定分析问题的复杂程度。通常当某个层次的因素过多时应进一步分解出子指标层。

在建立层次体系时,如果所选的要素不合理,或者其含义混淆不清,或者要素间的关系不正确,都会降低层次分析法的结果质量,甚至导致决策失败。

为保证层次结构的合理性,需把握以下原则:

(1)分解简化问题时把握主要因素,不漏不多;

(2)注意相比较元素之间的强度关系,相差太悬殊的要素不能在同一层次比较。

二、方法和步骤

(一)构造成对比较矩阵

从层次结构模型的第 2 层开始,对于从属于(或影响)上一层的每个因素的同一层诸因素,用成对比较法和比较尺度构建成对比较矩阵 $\{a_{ij}\}$。用 Satty 标度来衡量同一层次上的影响因素之间的倍数关系,如表 4-1 所示。

表 4-1　Satty 标度表

P_i 与 P_j 当比较的定性结果	P_{ij} 的 Satty 标度	意　义
P_i 与 P_j 同样重要	1	$P_i = P_j$
P_i 比 P_j 稍微重要	3	$P_i = 3P_j$
P_i 比 P_j 相当重要	5	$P_i = 5P_j$
P_i 比 P_j 强烈重要	7	$P_i = 7P_j$
P_i 比 P_j 极端重要	9	$P_i = 9P_j$
P_i 比 P_j 的重要性在上述描述之间 P_i 比 P_j 不重要的描述	2 或 4 或 6 或 8 相应上述数的倒数	

(二)针对某一个标准计算各备选元素的权重

由判断矩阵计算被比较因素对该准则的相对权重,并计算各层因素对系统目标的相对权重 W_i,从而得到各因素对总目标的相对权重 $w_1, w_2, \cdots, w_n$。判断矩阵权重计算的方法主要有两种,即几何平均法(根法)和规范列平均法(和法)。

1.几何平均法(根法)

(1)计算判断矩阵 **A** 各行各个元素 m_i 的积;

(2)计算 m_i 的 n 次方根;

(3)对向量进行归一化处理;

(4)该向量即为所求权重向量。

2.规范列平均法(和法)

(1)计算判断矩阵 **A** 各行各个元素 m_i 的和;

(2)将矩阵 **A** 各行元素的和进行归一化;

(3)该向量即为所求权重向量。

(三)进行一致性检验

构造好判断矩阵后,需要根据判断矩阵计算针对某一准则层各元素的相对权重,并进行一致性检验。虽然在构造判断矩阵 **A** 时并不要求判断具有一致性,但判断偏离一致性过大也是不允许的。因此,需要对判断矩阵 **A** 进行一致性检验。这一过程是从上至下依次计算的,并且逐层都要进行一致性检验。对每一个成对比较矩阵计算最大特征根及对应特征向量,利用一致性指标、随机一致性指标和一致性比率做一致性检验。若检验通过,则特征向量(归一化后)即为权向量;若不通过,则需重新构建成对比较矩阵。

(四)计算装备的实战化能力

设评价的武器系统对各因素的满意程度为 $r_1, r_2, \cdots, r_n$,则系统的效能 U 如下:

$$U = \sum_{i=1}^{n} \omega_i r_i \qquad (4-1)$$

式中:$r_1, r_2, \cdots, r_n$ ——满意程度,是利用各因素与标准值或期望值比较得到的。

三、适用范围

层次分析法通过把复杂问题中的各种因素划分为相互联系的有序层次,使之条理化、系统化,起到了简化的目的。同时,层次分析法理论性强、形式简明、算法清晰、简单易行,适宜解决那些难以完全用定量方法进行分析的决策问题,是系统工程中对复杂大系统做定量分析的一种有效方法。

武器系统是一个复杂的巨系统,其组成和结构复杂,指标众多,指标之间的关系也很复杂,使得系统中大量的因素无法准确地定量表示出来。因此,常用层次分析法来分析指标之间的关系,以及各效能指标或适用性指标对整体效能或适用性的重要程度,由此确定各个效能指标或适用性指标的权重,从而得到其效能值或适应性值。

在开展装备作战试验评估的过程中,层次分析法最适于对复杂的装备系统和装备体系进行评估,可用于同类多样装备的效能或适用性比较问题。这样的问题往往不能直接拿装备的整体来进行比较,因为存在许多不可比的因素,而应选取能够代表装备的多项指标进行比较,即形成指标权重排序、综合评分优劣排序。借助这种排序,最终做出选择决策。

在决策时,决策者先要对指标的重要度做一个估计,给出一种排序,然后分别找出每一个指标的排序权重,再把这些信息数据综合,得到针对总目标的排序权重。有了这个权重,决策就容易了。

第二节　网络层次分析法(ANP法)

20世纪90年代末,AHP法的提出者T.L.Saaty教授在广泛吸收决策科学各领域研究成果的基础上提出了网络层次分析法(Analytic Network Process,ANP)的理论和方法。层次分析法是定性分析与定量计算相结合解决复杂决策问题的有效方法,但在应用过程中人们发现其存在着一些缺陷,主要是在建立复杂系统的决策模型时,层次分析法的一些简约化约定、层次内部元素之间的支配和约束关系存在难以表述等问题,影响和制约着它的应用范围和前景。网络层次分析法的创立较好地解决了AHP法存在的不足,成为更加实用和有效的决策方法。

一、基本概念

ANP法是由AHP法发展而来的,不仅在许多方面与AHP法有相似之处,而且在其体系里也直接运用了AHP法的运算方法。从某种意义上讲,AHP法是ANP法的特例。但是,在建模结构上,ANP法与AHP法有很大的不同,这是因为创立 ANP 法的主要目的就是为了改善 AHP 法存在的一些问题。

与 AHP 法递阶层次结构不同,ANP 法采用的是一种网络结构。这种网络结构是比较灵活的,既可以是纯粹以元素集(分组)组成的网络结构,也可以是递阶层次结构与网络结构的结合体,还可以只是递阶层次结构(AHP 法)。ANP 法的典型建模结构如图 4-1 所示。

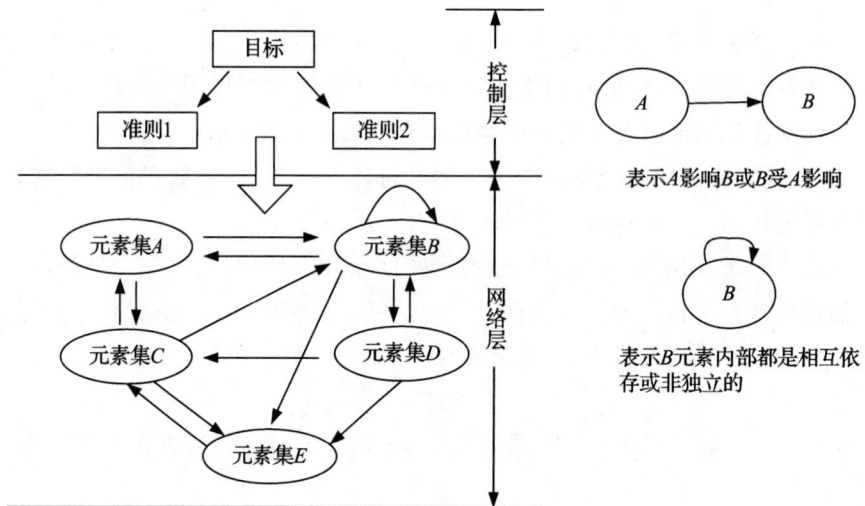

图 4-1 ANP 法的典型建模结构

二、方法和步骤

因为 ANP 法是建立在 AHP 法基础之上的,所以在其计算过程中有许多步骤是与 AHP 法相同或相近的。例如,在控制层的计算过程中,基本上就是利用 AHP 法建立的递阶层次结构,逐层进行相关元素的两两比较,并按自上而下的递阶层次顺序对准则相对于决策目标的重要性进行排序,而在网络层的计算过程中,构造元素组及元素之间的判断矩阵、按判断准则对元素进行两两比较、计算权重等,都是利用了 AHP 法的计算方法和步骤。

由于 AHP 法的计算步骤在前面已经叙述过,因此,以下只就 ANP 法网络结构的计算步骤在武器系统效能评估中的应用进行描述,图 4-2 为其网络结构部分的主要计算步骤。

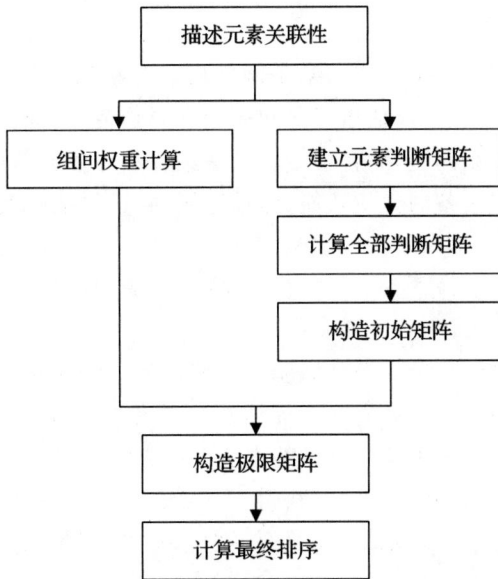

图 4 - 2 ANP 网络结构的主要计算步骤

（1）根据以上的建模结构设计，建立相应的武器系统效能元素组。将相关的效能指标元素放入其中，组成该组的元素集。由于计算过程中将进行组与组之间的比较，因此归类应准确。

（2）在各组内部和各组之间描述元素的关联性。先将各组中的每个元素与其他组中元素的关系描述清楚，组与组之间的关系即被确定。特别应注意元素之间的关联有时是双向的。

（3）进行各相关组（组与组之间至少有一对元素相关）的判断矩阵的两两比较，并计算其权重（体现相互影响力）。

（4）对组内和组与组之间的相关元素逐个进行两两比较，计算各判断矩阵的相对权重。由于 ANP 法中元素之间的关系较为繁复，因此，此步骤工作量较大。

（5）将所有计算得到的组内和组与组之间的相对权重按顺序构造出初始超矩阵。它是按组及其中元素的对应关系构造的一个权重矩阵。

（6）用计算得到的各相关组的权重对初始超短阵进行加权运算，得到加权超矩阵。这是一个列归一化的超矩阵。

（7）求极限超矩阵，得到最终排序结果。

三、适用范围

相比层次分析法（AHP法），基于网络层次分析法（ANP法）开展装备作战试验评估，不仅考虑了评估指标之间的相互影响关系和依赖关系，能够解决网络化评估指标体系问题，而且可结合专家经验和评估数据特点，融合多评估信息综合评估武器装备的作战效能、体系适用性，评估结论更加科学、合理。

第三节　模糊综合评估法

客观世界存在着大量的模糊概念和模糊现象。模糊数学是用数学工具解决模糊问题的一门学科。模糊综合评估法是在考虑多种因素的影响下，运用模糊数学工具对事物做出综合评价的方法。该方法最早是由我国学者江培庄提出的，已在矿业等领域的评估中获得了广泛的应用。它主要运用模糊变换原理和最大隶属度原则，考虑与被评价事物相关的各个因素，对评估对象做出综合评价。

一、基本概念

装备作战试验评估过程存在许多定性评价的指标。对这些定性指标的评价均具有一定的模糊性，并非完全准确。模糊综合评估法恰好能够考虑影响所评判事物的模糊因素，主要是依据模糊数学中模糊变换的概念进行评估的。

模糊综合评估法不仅可对评价对象按综合分值的大小进行评价和排序，而且还可根据模糊评价集上的值按最大隶属度原则去评定对象所属的等级。其优点是可对涉及模糊因素的对象系统进行综合评价，缺点是不能解决评价指标间相关造成的评价信息重复问题。

二、方法和步骤

模糊综合评估法的基本原理：先确定被评装备实战化能力的因素（指标）集和装备实战化能力评估（等级）集，再分别确定各个因素的权重及它们的隶属度向量，获得模糊评判矩阵，最后把模糊评判矩阵与因素的权向量进行模糊运算并进行归一化，得到综合评估结果。

（一）确定装备实战化能力评估对象的因素论域

$$U = \{u_1, u_2, \cdots, u_m\} \tag{4-2}$$

设有 m 个装备实战化能力评估指标,表明对被评装备从哪些方面来进行评判描述。例如,装备实战化能力评估可从作战效能、作战适用性、体系适用性、其他性能四个维度进行评估。

(二)确定评语等级论域

评语集是评估者对被评装备可能做出的各种总的评估结果所组成的集合,用 V 表示:

$$V = \{v_1, v_2, \cdots, v_n\} \tag{4-3}$$

实际上就是对被评装备对象变化区间的一个划分。其中 v_i 代表第 i 个装备的实战化能力评估结果,n 为总的装备实战化能力评估结果数。

具体等级可以依据装备实战化能力评估内容用适当的语言进行描述。例如,评估装备的性能可以用 $V = \{优、良、好、中、差\}$ 描述。

(三)进行单因素模糊评估,建立模糊关系矩阵 R

单独从一个因素出发进行装备实战化能力评估,以确定评估对象对装备实战化能力评估集合 V 的隶属程度,称为单因素模糊评估。在构造了等级模糊子集后,就要逐个对评估对象从每个因素上进行量化,也就是确定从单因素来看评估对象对各等级模糊子集的隶属度,进而得到模糊关系矩阵:

$$R = \begin{bmatrix} r_{11} & r_{12} & \cdots & r_{1n} \\ r_{21} & r_{22} & \cdots & r_{2n} \\ \vdots & \vdots & \ddots & \vdots \\ r_{m1} & r_{m2} & \cdots & r_{mn} \end{bmatrix} \tag{4-4}$$

其中 r_{ij} 表示某个被评估对象从因素 u_i 来看对 v_j 等级模糊子集的隶属度。一个被评估对象在某个因素 u_i 方面的表现是通过模糊向量 $r = (r_{i1}, r_{i2}, \cdots, r_{im})$ 来刻画的(在其他评估方法中通常是由一个指标实际值来刻画的,因此,从这个角度讲,模糊综合法要求更多的信息),r_i 称为单因素评估矩阵,可以看成是因素集 U 和评估集 V 之间的一种模糊关系,即影响因素与评估对象之间的"合理关系"。

在确定隶属关系时,通常是由专家或与评估问题相关的专业人员依据评判等级对评估对象进行打分,然后统计打分结果,根据绝对值减数法求得 r_{ij},即

$$r_{ij} = \begin{cases} 1, & i = j \\ 1 - c \sum_{k=1}^{m} |x_{ik} - x_{jk}|, & i \neq j \end{cases} \tag{4-5}$$

其中，c 可以适当选取，使得 $0 \leqslant r_{ij} \leqslant 1$。

(四)确定装备实战化能力评估因素的模糊权向量

为了反映各因素的重要程度，对各因素 U 应分配一个相应的权数 $a_i(i=1,2,\cdots,m)$ 表示第 i 个因素的权重，通常要求 a_i 满足 $a_i \geqslant 0$，$\sum a_i = 1$，由各权重组成的一个模糊集合 A 就是权重集，表示为模糊权向量：

$$A = (a_1, a_2, \cdots, a_m) \tag{4-6}$$

进行模糊综合评估时，权重对最终的评估结果会产生很大的影响，不同的权重有时会得到完全不同的结论。

权重选择的合适与否直接关系到模型的成败，确定权重的方法有层次分析法、Delphi 法、加权平均法、专家估计法等。

(五)多因素模糊装备实战化能力评估

利用合适的合成算子将模糊权向量 A 与模糊关系矩阵 R 合成得到各被评装备的实战化能力评估结果向量 B。

模糊关系矩阵 R 中不同的行反映了某个被评装备从不同的单因素来看对各等级模糊子集的隶属程度。用模糊权向量 A 将不同的行进行综合就可以得到该评估对象从总体上来看对各等级模糊子集的隶属程度，即模糊综合装备实战化能力评估结果向量 B。

模糊综合装备实战化能力评估的模型如下：

$$B = A \times R = (a_1, a_2, \cdots, a_m) \begin{bmatrix} r_{11} & r_{12} & \cdots & r_{1n} \\ r_{21} & r_{22} & \cdots & r_{2n} \\ \vdots & \vdots & \ddots & \vdots \\ r_{m1} & r_{m2} & \cdots & r_{mn} \end{bmatrix} = (b_1, b_2, \cdots, b_n)$$

$$\tag{4-7}$$

其中，$b_j(j=1,2,\cdots,n)$ 是由模糊权向量 A 与模糊关系矩阵 R 的第 j 列运算得到的，表示被评估对象从整体上看，对 V_j 等级模糊子集的隶属程度。

常用的模糊合成算子有以下两种。

$M(\wedge, \vee)$ 算子：

$$b_j = \bigvee_{i=1}^{m} (a_i \wedge r_{ij}) = \max_{1 \leqslant i \leqslant m} \{\min(a_i, r_{ij})\} \quad (j=1,2,\cdots,n) \tag{4-8}$$

$M(., \vee)$ 算子：

$$b_j = \bigvee_{i=1}^{m} (a_i, r_{ij}) = \max_{1 \leqslant i \leqslant m} \{a_i, r_{ij}\} \quad (j=1,2,\cdots,n) \tag{4-9}$$

(六)对模糊综合装备实战化能力评估结果进行分析

模糊综合评估法对装备实战化能力评估的结果是评估对象对各等级模糊子集的隶属度。它一般是一个模糊向量,而不是一个点值,因而能提供的信息比其他方法更丰富。对多个评估对象比较并排序,就需要进一步处理,即计算每个评估对象的综合分值,按大小排序,按序择优。将模糊综合装备实战化能力评估结果 $\boldsymbol{B}$ 转换为综合分值,可依其大小进行排序,从而挑选出最优者。

处理评估结果向量时,常用的两种方法如下。

1.最大隶属度原则

若评估结果向量 $\boldsymbol{B} = (b_1, b_2, \cdots, b_n)$ 中的 $b_r = \max\limits_{1 \leqslant j \leqslant n} \{b_j\}$,则评估对象总体上来讲隶属于第 r 等级,即为最大隶属原则。

2.加权平均原则

加权平均原则就是将等级看成一种相对位置,使其连续化。为了能定量处理,用"$1,2,3,\cdots,m$"表示各等级,并称其为各等级的秩,然后用向量 $\boldsymbol{B}$ 中对应分量将各等级的秩加权求和,从而得到评估对象的相对位置,其表达方式如下:

$$A = \frac{\sum\limits_{j=1}^{n} b_j^k \cdot j}{\sum\limits_{j=1}^{n} b_j^k} \qquad (4-10)$$

其中,k 为待定系数($k=1$ 或 2),目的是控制较大的 b_j 所起的作用。当 $k \to \infty$ 时,加权平均原则就是最大隶属原则。

三、适用范围

模糊综合评估法是在模糊集理论的基础上,应用模糊关系合成原理,从多个因素对被评价对象等级状况进行综合评价的一种方法。它通过建立在模糊集合概念上的数学规则,能够对不可量化和不精确的概念采用模糊隶属函数进行表述和处理。

开展装备作战试验评估时,常常存在某些不确定的因素。在评估过程中,由于评估因素、评估人员和备选方案较多,因此,对同一个问题可能会出现许多结果。模糊综合评估法是基于模糊集合论基础上的评估方法,是对受多种因素影响的事物做出全面评估的十分有效的多因素决策方法。通过精确的数字手段处理模糊的评估对象，能对蕴藏信息呈现模糊性的资料做出比较科学、合理、贴近实际的量化评估。

由于模糊综合评估法计算复杂，对指标权向量的确定主观性较强，因此，当指标集 U 较大，即指标集个数较大时，在权向量和为 1 的条件约束下，相对隶属度权系数往往偏小，权向量与模糊矩阵 R 不匹配，结果会出现超模糊现象，使分辨率变差，无法区分谁的隶属度更高，甚至造成评判失败，此时可用分层模糊评估法加以改进。

应用模糊综合评估法开展装备作战试验评估时，还应注意以下几点：

（1）能力因素论域的选取要适当，论域中的各个因素能从各个侧面描述装备能力的属性，要注意抓住主要因素。

（2）权重的分配要尽可能合理。

（3）尽可能合理地确定装备能力的单因素评估矩阵。若用统计方法来确定，则要求试验的次数不能太少，且要求对试验的条件做出合理选择。

第四节　灰色白化权函数聚类法（隶属度评价法）

灰色白化权函数聚类法（隶属度评价法）是根据灰类数的白化权函数，将评估对象的观测指标聚类成若干个可以定义的类别，进而将评估对象归入某灰类的过程，用于检测评估对象是否属于事先设定的不同类别，或者说检测评估对象隶属于各类别的概率。

一、基本概念

1. 灰类

灰类是事先定义的几个类别，可对应于装备实战化能力评估等级，如"优、良、中、差"。

2. 白化权函数

白化权函数用来描述观测指标或评估对象取不同的数值时，观测指标或评估对象属于某个灰类的概率。

灰色白化权函数聚类法的计算方法简单、综合能力较强、准确度较高，可决定对象所属类别。灰色白化权函数聚类法得出的装备实战化能力评估结果是一个向量,描述聚类对象属于多个灰类的强度。灰色白化权函数聚类法的输入为观测指标各个灰阶的白化权函数、实测数据和灰类的个数,输出为评估对象关于每个灰类的综合隶属度(即评估对象属于某个灰类的概率)。

二、方法和步骤

一般使用的白化权函数有典型、适中型、上限型和下限型四种。

典型白化权函数:

$$f_j^k(x) = \begin{cases} 0, & x \notin \left[x_j^k(1), x_j^k(4)\right] \\ \dfrac{x - x_j^k(1)}{x_j^k(2) - x_j^k(1)}, & x \in \left[x_j^k(1), x_j^k(2)\right) \\ 1, & x \in \left[x_j^k(2), x_j^k(3)\right) \\ \dfrac{x_j^k(4) - x}{x_j^k(4) - x_j^k(3)}, & x \in \left[x_j^k(3), x_j^k(4)\right] \end{cases} \tag{4-11}$$

典型白化权函数所对应的曲线如图4-3所示。

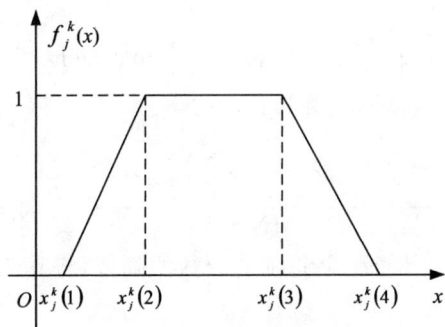

图4-3　典型白化权函数曲线

一般地,典型白化权函数适用于指标值固定于某个区间的情况。例如,人体正常体温为$[36, 37.2]$(℃),对应的典型白化权函数为$m \times n (m \geqslant 1)$,若某个人的体温在$36 \sim 37.2$ ℃,表示这个人身体是正常的,即对应的权函数值为1;当人体体温大于37.2 ℃时,随着体温的升高,人体的身体状况也就越差,即对应的权函数值也就越小,直到超过人体极限的46.5 ℃。同理,当人体体温小于36 ℃时,随着体温的降低,人体的身体状况也会越差,对应的权函数值也会越小,直到超过人体极限的14.2 ℃。

上限型白化权函数:

$$f_j^k(x) = \begin{cases} 0, & x < x_j^k(1) \\ \dfrac{x - x_j^k(1)}{x_j^k(2) - x_j^k(1)}, & x \in \left[x_j^k(1), x_j^k(2)\right] \\ 1, & x > x_j^k(2) \end{cases} \quad (4-12)$$

上限型白化权函数所对应的曲线如图 4-4 所示。

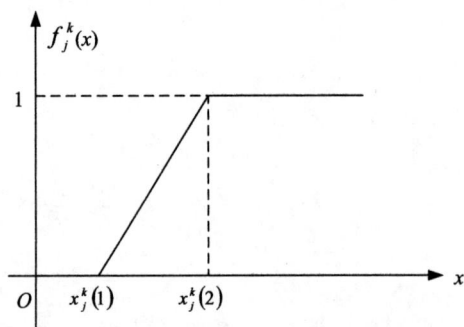

图 4-4 上限型白化权函数曲线

一般地,上限型白化权函数比较适用于优秀的灰类。例如,学校规定 90 分以上为优秀的学生,80~90 分为良好的学生。用上限型白化权函数表示为

$$1 \times 1, \operatorname{var}(X) = \frac{MN\left(\sum\limits_{i=1}^{M}\sum\limits_{j=1}^{N} X_{ij}^2\right) - \left(\sum\limits_{i=1}^{M}\sum\limits_{j=1}^{N} X_{ij}\right)^2}{MN(MN-1)}$$。将 90 分以上的学生划

分为优秀这个类别的可能性为 1;随着分数的降低,将其归为优秀这个类别的可能性越低。

适中型白化权函数:

$$f_j^k(x) = \begin{cases} 0, & x \notin \left[x_j^k(1), x_j^k(4)\right] \\ \dfrac{x - x_j^k(1)}{x_j^k(2) - x_j^k(1)}, & x \in \left[x_j^k(1), x_j^k(2)\right) \\ \dfrac{x_j^k(4) - x}{x_j^k(4) - x_j^k(2)}, & x \in \left[x_j^k(2), x_j^k(4)\right] \end{cases} \quad (4-13)$$

适中型白化权函数所对应的曲线如图 4-5 所示。

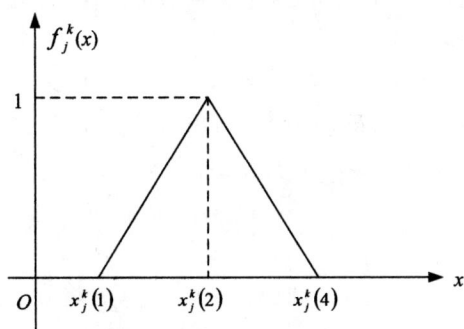

图 4-5 适中型白化权函数曲线

适中型白化权函数与典型白化权函数非常相似,只是适中型白化权函数适用于指标值不再是固定于某个区间,而是某个固定的值的情况。

下限型白化权函数:

$$f_j^k(x) = \begin{cases} 0, & x \notin [0, x_j^k(4)] \\ 1, & x \in [0, x_j^k(3)) \\ \dfrac{x_j^k(4) - x}{x_j^k(4) - x_j^k(3)}, & x \in [x_j^k(3), x_j^k(4)] \end{cases} \qquad (4-14)$$

下限型白化权函数所对应的曲线如图 4-6 所示。

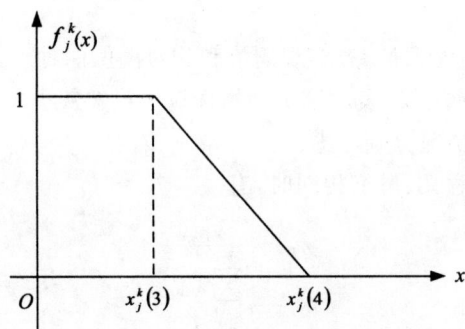

图 4-6 下限型白化权函数曲线

一般地,下限型白化权函数比较适用于差的灰类。例如,学校规定 60 分以上为及格的学生,60~70 分为中等的学生。用下限型白化权函数表示为 1×1。将 60 分以下的学生划分为差(不及格)这个类别的可能性为 1;随着分数的升高,将其归为差(不及格)这个类别的可能性降低。

白化权函数计算步骤:

记 $i=1,2,\cdots,n$ 为聚类对象,$j=1,2,\cdots,m$ 为聚类指标,$k=1,2,\cdots,k$ 为聚类灰数,即灰类。d_{ij} 为第 i 个聚类对象对第 j 个聚类指标的样本值,$\boldsymbol{D}$ 是以 d_{ij} 为元素的样本矩阵。

$$\boldsymbol{D}=\{d_{ij}\}=\begin{bmatrix} d_{11} & d_{12} & \cdots & d_{1m} \\ d_{21} & d_{22} & \cdots & d_{2m} \\ \cdots & \cdots & \cdots \\ d_{n1} & d_{n2} & \cdots & d_{nm} \end{bmatrix} \tag{4-15}$$

f_{jk} 为第 j 个聚类指标的 k 灰类的白化权函数,$f_{jk}\in[0,1]$,如图 4-7 所示。

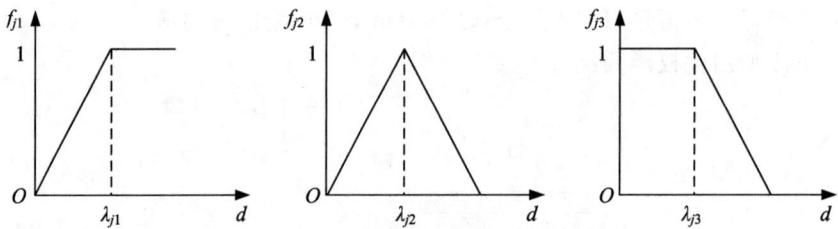

图 4-7　白化权函数 f_{jk}

图中 λ_{jk} 为 f_{jk} 的阈值,有客观阈值和相对阈值两种。

记 η_{jk} 为灰色聚类权,表示第 j 种指标属于第 k 灰类的权重。关于 η_{jk} 的计算可按下述三种情况分别考虑:

当聚类指标的意义、量纲相同时,有

$$\eta_{jk}=\frac{\lambda_{jk}}{\sum_{j=1}^{m}\lambda_{jk}} \tag{4-16}$$

当聚类指标的意义、量纲不同,且不同指标的样本值在数量上相差很大时,不能按式(4-16)计算 η_{jk},否则,将会引起评估偏差。

当聚类指标的单位不同且指标绝对值相差很大时,先进行无量纲处理:

$$\gamma_{jk}=\frac{S_{jk}}{S_j} \tag{4-17}$$

式中:S_{jk}——第 j 种指标的第 k 个灰类的灰数(标准值),或取白化权函数图

中的阈值 λ_{jk}［即 $f_{jk}(d)$ 等于 1 的界值］；

　　S_j ——第 j 种指标的参照标准。

　　灰色聚类权值 η_{jk} 如下：

$$\eta_{jk} = \frac{\gamma_{jk}}{\sum\limits_{j=1}^{m} \gamma_{jk}} \tag{4-18}$$

　　聚类权 η_{jk} 是衡量多指标对同一灰类的权重。为了避免指标重要而指标值相对较小造成评估偏差的弊病，可采用层次分析法（AHP 法）、Delphi 法等，根据聚类指标的相对重要性确定灰色聚类权值 η_{jk}。

　　设 σ_{ik} 为灰色聚类系数，它反映第 i 个聚类对象隶属于第 k 灰类的程度，按下式计算：

$$\sigma_{ik} = \sum_{j=1}^{m} f_{jk}(d_{jk}) \cdot \eta_{jk} \tag{4-19}$$

式中，$f_{jk}(d_{jk})$ 是由样本值 d_{jk} 查相应的白化权函数图或代入相应的白化权函数计算式而求得的白化权函数值。

　　灰色聚类决策矩阵 $\boldsymbol{\sigma}$：

$$\boldsymbol{\sigma}_C = \begin{bmatrix} \boldsymbol{\sigma}_1 \\ \boldsymbol{\sigma}_2 \\ \vdots \\ \boldsymbol{\sigma}_i \\ \vdots \\ \boldsymbol{\sigma}_n \end{bmatrix} = \begin{bmatrix} \sigma_{11} & \sigma_{12} & \cdots & \sigma_{1k} \\ \sigma_{21} & \sigma_{22} & \cdots & \sigma_{2k} \\ \vdots & \vdots & & \vdots \\ \sigma_{i1} & \sigma_{i2} & \cdots & \sigma_{ik} \\ \vdots & \vdots & & \vdots \\ \sigma_{n1} & \sigma_{n2} & \cdots & \sigma_{nk} \end{bmatrix} \tag{4-20}$$

　　聚类行向量 $\boldsymbol{\sigma}_i = (\sigma_{i1}, \sigma_{i2}, \cdots, \sigma_{ik})$。

　　若有 σ_{ik^*} 满足

$$\sigma_{ik^*} = \max_{1 \leqslant k \leqslant K} \{\sigma_{ik}\} = \max\{\sigma_{i1}, \sigma_{i2}, \cdots, \sigma_{ik}\} \tag{4-21}$$

则称聚类对象 i 属于灰类 k^*。也就是说，在聚类行向量 $\boldsymbol{\sigma}_i$ 中找出最大聚类系数，该最大聚类系数所属灰类即为聚类对象 i 所属灰类。

　　灰色白化权函数算子的输入数据为各个评估对象的测试记录，即各评估对象各子指标的分值。当评估对象的个数为 m，指标的个数为 n 时，通过矩阵合并得到一个 $m \times n$ 的矩阵，矩阵中的每一项表示评估对象（行）的子指标分值（列）。通过灰色白化权函数法输入参数，设置每一个指标关于每个装备实战化能力评估等级的白化权函数。通过灰色白化权函数聚类法计算获得各评估对象关于每个装备实战化能力评估等级的隶属度。作为评估类算子，灰色白化权函数算子的输出结果可以作为隶属度。

三、适用范围

灰色系统理论自创立以来在管理科学和工程技术等领域得到了广泛的应用,显示出强大的生命力。灰色白化权函数用来描述一个灰数对其取值范围内不同数值的倾向程度,在灰色系统理论的科研探索和实际应用中占有重要地位。

灰色白化权函数聚类法主要用于检查观测对象是否属于事先设定的不同类别,以便区别对待,能够广泛用于装备作战效能评估、体系适用性评估等典型评估场景。

第五节　逼近理想解排序法(TOPSIS 综合评估法)

TOPSIS(Technique for Order Preference by Similarity to an Ideal Solution)综合评估法,即逼近理想解排序法,是 C.L.Hwang 和 K.Yoon 于 1981 年首次提出的。它是根据有限个评估对象与理想化目标的接近程度进行排序的方法,是在现有的对象中进行相对优劣的评估。作为一种逼近于理想解的排序法,该方法只要求各效用函数具有单调递增(或递减)性,是多目标决策分析中一种常用的有效方法,又称为优劣解距离法。

一、基本概念

理想解和负理想解是 TOPSIS 综合评估法的两个基本概念。所谓理想解是一设想的最优的解(方案),它的各个属性值都达到各备选方案中最好的值;而负理想解是一设想的最劣的解(方案),它的各个属性值都达到各备选方案中最坏的值。方案排序的规则是把各备选方案与理想解和负理想解做比较,若其中有一个方案最接近理想解,而同时又远离负理想解,则该方案是备选方案中最好的方案。

二、方法和步骤

假设有 m 个目标,每个目标都有 n 个属性,则多属性决策问题的数学描述式如下:

$$Z = \max/\min\{z_{ij} \mid i=1,2,\cdots,m; j=1,2,\cdots,n\} \quad (4-22)$$

设有 m 个目标(有限个目标)、n 个属性,专家对其中第 i 个目标的第 j 个

属性的评估值为 x_{ij}，则初始判断矩阵 V 如下：

$$V = \begin{bmatrix} x_{11} & x_{12} & \cdots & x_{1n} \\ x_{21} & x_{22} & \cdots & x_{2n} \\ \vdots & \vdots & & \vdots \\ x_{m1} & x_{m2} & \cdots & x_{mn} \end{bmatrix} \qquad (4-23)$$

由于各指标的量纲可能不同，因此，需要对决策矩阵进行归一化处理。

$$V' = \begin{bmatrix} x'_{11} & x'_{12} & \cdots & x'_{1n} \\ x'_{21} & x'_{22} & \cdots & x'_{2n} \\ \vdots & \vdots & & \vdots \\ x'_{m1} & x'_{m2} & \cdots & x'_{mn} \end{bmatrix} \qquad (4-24)$$

其中

$$x'_{ij} = x_{ij} / \sqrt{\sum_{k=1}^{n} x_{ij}^2} ; \ i = 1, 2, \cdots, m ; \ j = 1, 2, \cdots, n \qquad (4-25)$$

根据 Delphi 法获取专家群体对属性的信息权重矩阵 B，形成加权判断矩阵如下：

$$Z = V'B = \begin{bmatrix} x'_{11} & x'_{12} & \cdots & x'_{1n} \\ x'_{21} & x'_{22} & \cdots & x'_{2n} \\ \vdots & \vdots & & \vdots \\ x'_{m1} & x'_{m2} & \cdots & x'_{mn} \end{bmatrix} \begin{bmatrix} w_1 & 0 & \cdots & 0 \\ 0 & w_2 & \cdots & 0 \\ \vdots & \vdots & & \vdots \\ 0 & 0 & \cdots & w_n \end{bmatrix} \begin{bmatrix} f_{11} & f_{12} & \cdots & f_{1n} \\ f_{21} & f_{22} & \cdots & f_{2n} \\ \vdots & \vdots & & \vdots \\ f_{m1} & f_{m2} & \cdots & f_{mn} \end{bmatrix}$$

$$(4-26)$$

根据加权判断矩阵获取评估目标的理想解、负理想解。

理想解：

$$f_j^* = \begin{cases} \max(f_{ij}), j \in J^* \\ \min(f_{ij}), j \in J' \end{cases} \qquad (4-27)$$

负理想解：

$$f'_j = \begin{cases} \min(f_{ij}), j \in J^* \\ \max(f_{ij}), j \in J' \end{cases} \qquad (4-28)$$

式中：J^*——效益型指标；

$\quad J'$——成本型指标。

计算各目标值与理想值之间的欧氏距离：

$$S_i^* = \sqrt{\sum_{j=1}^{n} (f_{ij} - f_j^*)^2} \quad (i = 1, 2, \cdots, m) \qquad (4-29)$$

$$S'_i = \sqrt{\sum_{j=1}^{n}(f_{ij} - f'_j)^2} \quad (i = 1, 2, \cdots, m) \tag{4-30}$$

计算各个目标值的相对贴近度：

$$C^* I = S'i / (S_i^* + S'_i) \quad (i = 1, 2, \cdots, m) \tag{4-31}$$

依照相对贴近度的大小对目标进行排序，形成决策依据。

TOPSIS 算子的输入数据为各个评估对象的测试记录，即各评估对象的各子指标的分值。当评估对象的个数为 m，指标的个数为 n 时，通过矩阵合并得到一个 $m \times n$ 的矩阵，通过矩阵转置算子得到 $n \times m$ 的矩阵，矩阵中的每一项表示评估对象（行）的子指标分值（列）。通过 TOPSIS 综合评估法计算获得各评估对象与理想解的逼近程度。作为评估类算子，TOPSIS 算子的输出结果可以作为综合指标的分值。

三、适用范围

TOPSIS 综合评估法用于装备作战效能评估时，要从归一化的评价原始数据矩阵中确定出理想中的最佳方案和最差方案，然后通过求出各被评方案与最佳方案和最差方案之间的距离，得出该方案与最佳方案的接近程度，并以此作为装备作战效能评估各被评估对象优劣的依据。

TOPSIS 综合评估法的输入是测试记录、权向量、成本型和效益型标记，输出是目标与理想解的逼近程度。TOPSIS 综合评估法用于装备作战适用性评估时，评估结果既可以反映出装备作战适用性水平，也可以进行装备之间的排序。传统的 TOPSIS 综合评估法有一定的缺点，如逆序问题、中垂线矛盾问题，以及未考虑参数间的相关性等。

第六节 ADC 效能评估法

ADC 效能评估法，又称 ADC 效能模型，是美国工业界武器系统效能咨询委员会（Weapon System Efficiency Industry Advisory Committee，WSEIAC）于 20 世纪 60 年代中期在一份研究报告中首次提出的经典武器系统效能模型。该模型将系统效能定义为系统性能能满足一组规定任务要求程度的度量，是有效性（Availability）、可信性（Dependability）及固有能力（Capability）的函数。因此，ADC 效能评估法又称系统效能综合评估法。

一、基本概念

ADC 效能评估法的基本原理：先对影响待评武器系统完成所赋予作战使命和作战任务起重要作用的有效性（A）、可信性（D）、能力（C）三性能要素进行分析，然后按照 A、D、C 之间的依存关系，确定它们之间的耦合方式，用一行向量 $E = ADC$ 表示，最后根据公式 $E = ADC$ 计算该武器系统完成所赋予作战使命和作战任务的能力，即通常意义上该武器系统的作战效能值。系统效能模型结构图如图 4-8 所示。

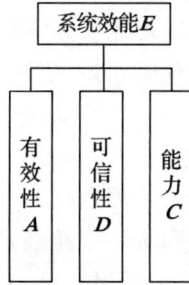

图 4-8 系统效能模型结构图

其中，矩阵表示待评估武器系统综合作战效能值指标，是对武器系统完成所赋予它的作战使命和作战任务能力的综合量度，通常用概率值表示。

矩阵 A 表示待评估武器系统的有效性（可用度）指标，是对系统在开始执行作战任务时处于可工作状态或可承担任务状态程度的量度。通常用该系统在开始执行作战任务时处于可工作状态或可承担任务状态的概率表示，与整个系统的初始状态有关，反映了系统战备情况的优劣。

矩阵 D 表示待评估武器系统的可信性（可依赖性）指标，是对系统在开始执行作战任务处于某一状态而结束时处于另一状态的系统状态转移性指标的表述。可信性常用故障率（故障密度函数）、可信性函数和平均故障间隔时间等度量指标进行表示，反映了系统可靠性的好坏。

矩阵 C 表示武器系统的固有能力。武器系统在执行作战任务的过程中可以处于多种不同的状态，是对系统在各种不同状态条件下完成所赋予的作战使命和作战任务能力的量度，反映了设计能力与作战实际要求能力之间的符合程度。

ADC 效能模型是一个基于过程的动态的系统概念。建立 ADC 效能模型需要考虑系统从开始运行到任务结束的全过程，以及过程中的各种状态转换。

ADC 效能模型规定系统效能指标是武器系统有效性、任务可信度和作战能力的函数，用向量表示为 $E(1 \times m)$，即有

$$E = ADC$$

式中，$E = [e_1, e_2, \cdots, e_m]$ 为系统效能指标向量，$e_i (i = 1, 2, \cdots, m)$ 是对于系统第 i 项任务要求的效能指标。如果只有一项任务，那么 E 为一具体数值。

$A = [a_1, a_2, a_3, \cdots, a_n]$ 为 $1 \times n$ 维可用度或可用性向量，是系统在开始执行作战任务时刻可用程度的量度，反映武器装系统的使用准备程度。A 的任意分量 $a_j (j = 1, 2, \cdots, n)$ 是开始执行作战任务时刻系统处于状态 j 的概率。j 是针对可用程度而言系统的可能状态序号。一般而言，系统的可能状态由各子系统的可工作状态、工作保障状态、定期维修状态、故障状态、等待备件状态等组合而成。显然，系统处于可工作状态的概率是可能工作时间与总时间的比值。可用度与武器装备系统的可信赖性、维修性、维修管理水平、维修人员数量及其水平、器材供应水平等因素有关。

D 称为任务可信性或可信度，表示系统在使用过程中完成规定功能的概率。由于系统有 n 个可能状态，因此，可信度 D 是一个 $n \times n$ 阶矩阵（又称可信性矩阵）。

$$D = \begin{bmatrix} d_{11} & d_{12} & \cdots & d_{1n} \\ d_{21} & d_{22} & \cdots & d_{2n} \\ \vdots & \vdots & & \vdots \\ d_{n1} & d_{n2} & \cdots & d_{nn} \end{bmatrix}$$

式中，$d_{ij} (i = 1, 2, \cdots, n; j = 1, 2, \cdots, m)$ 是开始使用时系统处于 i 状态，而在使用过程中转移到 j 状态的概率。显然有

$$\sum_{i=1}^{n} d_{ij} = 1$$

当武器装备系统在使用过程中不能修理时，处于故障状态的系统在使用过程中不可能再开始工作。如果再设定状态序号越大，表示故障越多，那么可信度矩阵就成为一个三角矩阵：

$$D = \begin{bmatrix} d_{11} & d_{12} & \cdots & d_{1n} \\ 0 & d_{22} & \cdots & d_{2n} \\ \vdots & \vdots & & \vdots \\ 0 & 0 & \cdots & d_{nn} \end{bmatrix}$$

任务可信性 D 是直接取决于武器装备系统可信赖性和使用过程中的修

复性,与人员素质和指挥因素等有关。

C 代表系统运行或作战的能力,表示在处于有效及可信状态下,系统能达到任务目标的概率。一般情况下,系统能力 C 是一个 $n \times m$ 矩阵($m=1$ 或 $m=n$)。

$$C = \begin{bmatrix} C_{11} & C_{12} & \cdots & C_{1m} \\ C_{21} & C_{22} & \cdots & C_{2m} \\ \vdots & \vdots & & \vdots \\ C_{n1} & C_{n2} & \cdots & C_{nm} \end{bmatrix}$$

式中, $C_{ij}(i=1,2,\cdots,n;j=1,2,\cdots,m)$ 表示系统在可能状态 i 下达到第 j 项要求的概率。在操作正确、高效的情况下,它取决于武器装备系统的设计能力。

特殊情况下, $E=ADC$ 所表示的效能模型将蜕化为三个量的积。此时, A 表示系统在使用前处于规定战斗准备状态且可靠投入使用的概率, D 是使用中系统可靠工作的概率, C 是武器装备系统在使用可靠条件下完成战斗任务的概率。因此, E 实际上是考虑到武器装备系统使用可信性及使用准备特性的作战效能指标。

这种系统效能指标定义的优点是简单、便于计算,不足之处是尚不能全面反映武器装备系统达到一组特定任务要求的程度。

该系统效能指标在两个特定的情况下的表述方式如下。

当 $m=1$ 时,有

$$E = ADC = (a_1, a_2, \cdots, a_n) \cdot \begin{bmatrix} d_{11} & d_{12} & \cdots & d_{1n} \\ d_{21} & d_{22} & \cdots & d_{2n} \\ \vdots & \vdots & & \vdots \\ d_{n1} & d_{n2} & \cdots & d_{nn} \end{bmatrix} \begin{bmatrix} c_1 \\ c_2 \\ \vdots \\ c_n \end{bmatrix} = \sum_{i=1}^{n} \sum_{j=1}^{n} a_i d_{ij} c_i$$

当 $m=n$ 时,有

$$E = ADC = (a_1, a_2, \cdots, a_n) \cdot \begin{bmatrix} d_{11} & d_{12} & \cdots & d_{1n} \\ d_{21} & d_{22} & \cdots & d_{2n} \\ \vdots & \vdots & & \vdots \\ d_{n1} & d_{n2} & \cdots & d_{nn} \end{bmatrix} \begin{bmatrix} c_{11} & c_{12} & \cdots & c_{1n} \\ c_{21} & c_{22} & \cdots & c_{2n} \\ \vdots & \vdots & & \vdots \\ c_{n1} & c_{n2} & \cdots & c_{nn} \end{bmatrix}$$

$$= \sum_{i=1}^{n} \sum_{j=1}^{n} a_i d_{ij} c_{ij}$$

二、方法和步骤

用 ADC 效能评估法可以对一些具体的实际问题进行分析,并求解。求解之前要描述系统的状态,而系统的状态是由执行作战任务之前或执行作战任务过程中发生的事件所形成的可分辨的系统状态。先要理清并描述在开始执行作战任务时或在执行作战任务过程中系统可能呈现的多种不同状态,分解出各种可能的状态,然后把可用度和可信度同系统的可能状态联系起来,并用能力的量度把系统的可能状态与执行作战任务的可能结果联系起来。

在最简单的情况下,一个系统不是处于工作状态,就是处于故障状态(或修理状态)。在这种情况下,用有效性、可信性和能力的量度就能够描述所有可能出现的状态:一是系统在开始执行作战任务时是处于工作状态还是处于故障状态;二是若系统在开始执行作战任务时处于工作状态,则它能否继续工作;三是若系统在执行作战任务的过程中一直处于工作状态,则它能否成功完成作战任务。

系统有效性(有效度)如下:

$$A = \frac{MTBF}{MTBF + MTTR}$$

式中:MTBF 为系统平均故障间隔时间;MTTR 为系统平均修复时间。

1.确定有效性矩阵

下面我们仅仅考虑系统只有工作状态和故障状态两种情况。那么在这种情况下,有效性向量 $\boldsymbol{A}$ 只有两个分量 a_1 和 a_2,即

$$\boldsymbol{A} = (a_1, a_2)$$

式中:a_1——系统在任意时间处于可工作状态的概率;

a_2——系统在任意时间处于故障状态(修理状态)的概率。

若故障率 λ 和修复率 μ 为已知,则当系统处于稳定状态时,有

$$a_1 = \frac{MTBF}{MTBF + MTTR} = \frac{\mu}{\lambda + \mu}$$

$$a_2 = \frac{MTTR}{MTBF + MTTR} = \frac{\lambda}{\lambda + \mu}$$

通常,在计算有效性向量各个元素时,必须考虑以下三点因素:

(1)故障状态与修理状态的时间分布;

(2)预防性保养时间与其他的停机状态;

(3)检修程序、人员配备、配件、补给工具及运输和各种保障措施等。

2.确定可信性矩阵

根据前面的假设,若系统只有两个状态,则可信性矩阵由四个元素构成。

$$D = \begin{bmatrix} d_{11} & d_{12} \\ d_{21} & d_{22} \end{bmatrix}$$

式中:d_{11}——在开始执行作战任务时系统处于可工作状态,在完成作战任务时系统处于可工作状态的概率;

d_{12}——在开始执行作战任务时系统处于可工作状态,在完成作战任务时系统处于故障状态的概率;

d_{21}——在开始执行作战任务时系统处于故障状态,在完成作战任务时系统处于可工作状态的概率;

d_{22}——在开始执行作战任务时系统处于故障状态,在完成作战任务时系统处于故障状态的概率。

对于可修理的武器系统,当平均无故障工作时间和平均修复时间都服从指数分布时,故障率 λ 和修复率 μ 均为常数,T 为任务持续时间,则上述矩阵的元素表示如下:

$$d_{11} = \frac{\mu}{\lambda + \mu} + \frac{\lambda}{\lambda + \mu} e^{-(\lambda + \mu)T}$$

$$d_{12} = \frac{\lambda}{\lambda + \mu} \left[1 - e^{-(\lambda + \mu)T} \right]$$

$$d_{21} = \frac{\mu}{\lambda + \mu} \left[1 - e^{-(\lambda + \mu)T} \right]$$

$$d_{22} = \frac{\lambda}{\lambda + \mu} + \frac{\mu}{\lambda + \mu} e^{-(\lambda + \mu)T}$$

3.确定固有能力矩阵

固有能力矩阵 C 既是确定系统性能的依据,又是系统性能的集中体现。测定和预测系统的能力是一个比较复杂的问题。在上面提到的应用可用度和可信度这两个概念中,多种工作方式的系统和多项任务所带来的困难,在应用能力这个概念中也是存在的。能力这个概念目前还无法采用标准进行定量地描述。计算固有能力矩阵 C,在很大程度上取决于所评估的装备系统的任务。建立能力矩阵(向量)是建立效能评价模型的最后一步,一般由最初武器装备设计论证的技战术指标确定,通常可以通过查表获得,有时必须通过计算得到结果。

4.计算系统的作战效能

根据以上对问题的分析,利用效能模型 $E=ADC$ 进行求解。

这里需要特别注意,根据能力矩阵 C 的形式来确定 A、D、C 三者之间的耦合方式。

效能模型的求解过程如图 4-9 所示。

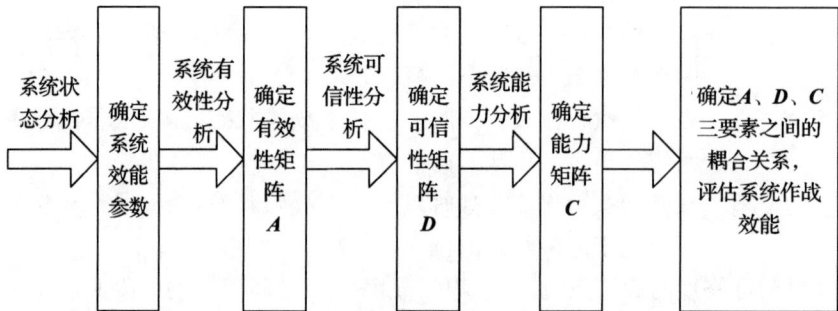

图 4-9 效能模型求解流程图

例如,用系统效能模型求某装甲车辆作战 10 h 时的系统效能。

假设系统 MTBF=160 h,MTTR=4 h,指标因素权重向量如下:

$$W = [0.3 \quad 0.2 \quad 0.2 \quad 0.1 \quad 0.1 \quad 0.1]^T$$

其性能指标的效用值数据如表 4-2 所示。

表 4-2 性能指标的效用值数据

打击性能	机动性能	防护性能	通信性能	电气性能	人素特性
0.2	0.4	0.8	0.6	0.7	0.6

(1)有效性矩阵 A 的计算:

$$a_1 = \frac{MTBF}{MTBF+MTTR} = \frac{160}{160+4} = 0.975$$

$$a_2 = 1-a_1 = 0.025$$

故有效性矩阵

$$A = [0.975 \quad 0.025]$$

(2)可信性矩阵 D 的计算:设执行作战任务时间 $t=10$ h,则

$$d_{11} = \exp(-t/MTBF) = \exp(-10/160) = 0.94$$

$$d_{12} = 1 - d_{11} = 1 - 0.94 = 0.06$$

由于系统在执行作战任务的过程中,对发生的故障不能修复,因此,故障状态不能向工作状态转移。所以有

$$d_{21} = 0$$
$$d_{22} = 1$$

故可信性矩阵

$$\mathbf{D} = \begin{bmatrix} 0.94 & 0.06 \\ 0 & 1 \end{bmatrix}$$

(3)能力矩阵 $\mathbf{C}$ 的计算。

由于装甲车辆系统在作战过程中只有工作状态和故障状态两种,因此,系统固有能力向量如下:

$$\mathbf{C} = \begin{bmatrix} C_1 \\ C_2 \end{bmatrix}$$

我们假定装甲车辆在故障状态下不能执行作战任务,则有

$$C_1 = \sum_{k=1}^{6} \omega_k \mu_k = 0.3 \times 0.2 + 0.2 \times 0.8 + 0.2 \times 0.4 + 0.1 \times 0.6 + 0.1 \times 0.7 +$$
$$0.1 \times 0.6 = 0.49;$$

$$C_2 = 0$$

故障能力矩阵如下:

$$\mathbf{C} = \begin{pmatrix} 0.49 \\ 0 \end{pmatrix}$$

(4)系统作战效能 $\mathbf{E}$ 的计算。

由上述三步计算我们可以得出某装甲车辆作战时的系统效能如下:

$$\mathbf{E} = \mathbf{ADC} = \begin{bmatrix} 0.975 & 0.025 \end{bmatrix} \begin{bmatrix} 0.94 & 0.06 \\ 0 & 1 \end{bmatrix} \begin{bmatrix} 0.49 \\ 0 \end{bmatrix} = 0.45$$

上述 ADC 效能评估法未考虑战场环境或作战对抗对武器系统效能产生的影响。因此,在实际运用 ADC 效能评估法评估武器系统效能时,如果要使评估结果符合武器系统在实际使用环境下的作战效能,就需对 ADC 效能评估法进行改进。这里简要介绍考虑环境影响的系统效能评估法(QADC法)。

设 Q 为武器系统在实际使用环境下的对作战效能的影响修正系数,则改进后的武器系统作战效能为

$$E = QADC \tag{4-32}$$

以指挥信息系统作战效能评估为例，Q 的计算公式如下：

$$Q = P_a + (1 - P_a)(1 - KR) \tag{4-33}$$

式中：P_a——指挥信息系统在开始执行作战任务时处于正常状态的概率；

K——敌方指挥信息系统的作战能力；

R——敌方指挥信息系统正常工作的概率。

三、适用范围

ADC 效能评估法主要基于武器装备战术技术指标的约束条件下，对装备完成作战任务程度的量化分析过程。ADC 效能评估法具有建模简单且便于计算的优点，不足之处是尚不能全面反映武器装备系统达到一组特定任务要求的程度。

考虑全面性要求的系统效能指标，需要用多个分指标来刻画武器装备系统在全生命周期内作战使用的各个属性，由系统各个分指标构成系统总的效能指标。这样不能仅限于确定的函数关系，还要利用诸如多属性效用分析或层次分析这样的系统评价法，计入决策者的偏好进行综合。

从评估对象和评估任务两个可变维视角考虑，ADC 效能评估法不仅能用于武器系统、平台的装备实战化能力评估，而且能用于基本战术单元、兵力集团、国家军队系统完成技术层次、战术层次，甚至战略层次的作战效能评估。

第七节   系统效能分析法

系统效能分析（System Effectiveness Analysis，SEA）法是 20 世纪 70 年代至 80 年代中期，由美国麻省理工学院信息与决策系统实验室的 A. H. Levis 与 Vincent Bouthonnier 提出的一种系统效能分析方法。该方法通过把系统的运行与系统要完成的使命联系起来，观察系统的运行轨迹和使命要求的轨迹在同一公共属性空间相符合的程度，根据轨迹重合率的高低来判断系统效能的高低。由于该方法具有较高的灵活性，因此，可以方便地在军事领域加以应用。

一、基本概念

当系统在一定环境下运行时,系统的运行状态可以由一组系统原始参数的表现值描述。对于一个实际系统,由于系统运行受不确定因素的影响,因此,系统的运行状态可能有多个(甚至无数多个)。在这些状态组成的集合中,如果某一状态所呈现的系统完成预定任务的情况满足使命要求,就可以说系统在这一状态下能完成预定任务。由于系统在运行时落入何种状态是随机的,因此,在系统运行状态集合中,系统落入可完成预定作战任务的状态的概率,就反映了系统完成预定任务的可能性,即系统效能。系统效能分析法基于 6 个基本概念:系统、使命、环境、原始参数、性能量度和系统效能。

1.系统

系统是由相互关联的各部分组成并协同动作的有机整体。

2.使命

使命是赋予系统必须完成的任务。

3.环境

环境是与系统发生作用而又不属于系统的元素的集合。

4.原始参数

原始参数是一组描述系统、环境及使命的独立的基本变量。它分为系统原始参数、环境原始参数和使命原始参数。

5.性能量度

性能量度(Measure of Performance,MOP)是描述系统完成使命品质的量,与系统使命的含义密切相关。在一个多使命的系统中,性能量度是一个集合{MOP}。

6.系统效能

系统效能是指在一定环境中,系统能够完成规定使命的程度。

这 6 个基本概念可以构成 6 个空间:系统能力空间、使命空间、环境空间、原始参数空间、性能量度空间和效能空间。

令 s_i 表示系统原始参数，c_i 表示环境原始参数，g_i 表示使命原始参数，则 $s_i = (s_1 \quad s_2, \quad \cdots, \quad s_k)$，$c_i = (c_1 \quad c_2, \quad \cdots, \quad c_l)$，$g_i = (g_1 \quad g_2, \quad \cdots, \quad g_j)$ 分别表示由所有系统原始参数、环境原始参数、使命原始参数组成的向量。令 R^n 表示 n 维欧氏空间，取值域 $S \subseteq R^k$、$C \subseteq R^l$、$G \subseteq R^j$。为了能对系统在任一状态下完成预定作战任务情况与使命要求进行比较，必须将它们放在同一空间中，这一空间恰好可采用性能度量空间，令 R^m 表示 m 维性能量度欧氏空间 {MOP}。

建立非线性且非一一对应的映射：$f_s : (S, C) \rightarrow R^m$，称为系统能力映射。定义值集 $L_s = \{m_s = f_s(s, c) : s \subseteq S\}$，$c \subseteq C$，$L_s$ 为当 s 在 S 中变化时，在性能量度空间上形成的轨迹，称为系统能力轨迹。再建立一个映射 $f_s : G(S, CB) \rightarrow R^m$，称为使命映射。定义值集 $L_m = \{m_m = f_m(g, c) : g \subseteq G\}$，$c \subseteq C$，$L_m$ 为当 g 在 G 中变化时，在 {MOP} 空间上形成的轨迹，称为系统使命轨迹。

当武器系统在一定环境中运行时，系统的运行状态可能有很多个。考察系统在某一状态 s 下完成使命的情况，当 $m_s \in L_m$ 时，系统在 s 状态下可完成使命；当 $m_s \notin L_m$ 时，系统在 s 状态下不能完成使命。系统原始参数 s 的取值是随机的，系统轨迹中落入使命轨迹内的点（集）出现的概率就反映了系统完成使命的可能性。如图 4-10 所示。若 $\overline{V}$ 表示 R^m 的空间测度，则系统效能为

$$E = \frac{\overline{V}(L_s \bigcap L_m)}{\overline{V}(L_m)}$$

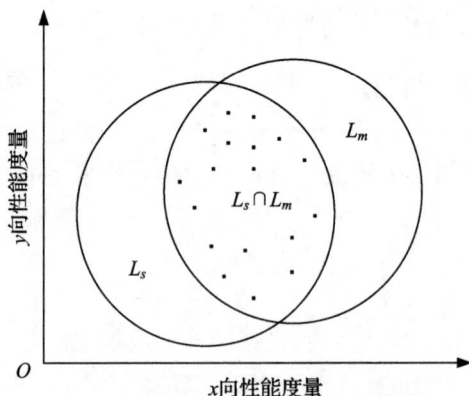

图 4-10　系统轨迹和使命轨迹图

很显然,效能 E 的内涵就是衡量系统与使命的匹配程度,其值域为 $[0,1]$。对于性能量度欧氏空间 R^m,若 $m=1$,则 $\overline{V}$ 表示长度;若 $m=2$,则 $\overline{V}$ 表示面积;若 $m=3$,则 $\overline{V}$ 表示体积。

$L_s \bigcap L_m = \varnothing$,表示系统的所有运行状态均不能完成使命,则有 $E=0$;$L_s \bigcap L_m = L_m$,表示系统的所有运行状态均可以完成使命,则有 $E=1$。$E=1$ 代表了一种最理想的情况。

二、方法和步骤

根据系统效能分析法的基本原理,其计算步骤一般分为六步,如图 4-11 所示。这里以某通信侦察干扰系统效能评估为例进行说明。

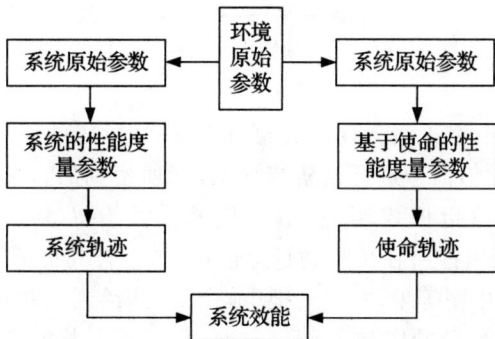

图 4-11　系统效能分析法计算步骤

第一步,根据系统的作战想定,定义系统、环境和系统使命,并确定它们的原始参数,这些原始参数之间应该是相互独立的。

假设通信侦察干扰系统由上级指挥所、通信侦察站、通信干扰站、通信指挥控制站及通信系统等组成,其中上级指挥所与通信侦察站、通信指挥控制站与通信侦察站的通信手段有 I 种,通信指挥控制站与通信干扰站的通信手段有 J 种,在使用中的优先顺序分别是 $i_1,i_2,\cdots,i_I$ 和 $j_1,j_2,\cdots,j_J$。

通信侦察干扰系统的指挥关系:上级指挥所是战场指挥者,做出全局性的作战决策和指挥,并向通信指挥控制站发出命令;通信指挥控制站接受上级指挥所的指令,并具体指挥下属通信侦察站的侦察行动与通信干扰站的干扰行动,同时及时向上级指挥所通报战况;通信侦察站由上级指挥所和通信指挥控制站指挥,同时向上级指挥所和通信指挥控制站传递侦察情报;通信干扰站由通信指挥控制站直接指挥。通信侦察干扰系统的指挥关系如图 4-12 所示,其中箭头指向表示指挥关系。

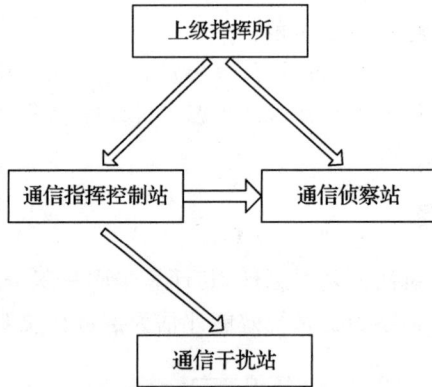

图 4 - 12   通信侦察干扰系统的指挥关系

设在某一时刻,在上级指挥所或通信指挥控制站的指挥下,通信侦察站对一定距离的敌方通信信号进行侦察与识别,把侦察到的目标数据同时发送给上级指挥所和通信指挥控制站,信息传输手段有 I 种,优先使用顺序是 $i_1, i_2, \cdots, i_I$,上级指挥所在接收到目标信息后,结合其他情报来源,对目标信息进行融合、威胁排序等处理,然后把"命令"下达给通信指挥控制站,其通信手段有 J 种,优先使用顺序是 $j_1, j_2, \cdots, j_J$。通信干扰站在通信指挥控制站的引导下,对一定距离的敌方通信信号进行干扰压制。上述作战过程中,通信侦察干扰系统的使命是对一定距离的敌方通信信号进行有效侦察与干扰。具体来说就是:①对敌方通信信号进行有效侦察必须满足一定的侦察距离和侦察概率;②对敌方通信信号进行有效干扰必须满足一定的干扰距离和压制效果。

第二步,由系统使命抽象出一组性能度量 $\{\mathrm{MOP}_i\}$。系统性能度量是系统原始参数的函数,其值可以通过模型处理、函数计算、计算机仿真等方法得到。一个性能度量是由原始参数的一个子集确定的,系统任何特定的运行都可用性能度量空间上的一个点来表示。

在电子对抗中,侦察并识别目标是获取战场优势的重要因素。上述对敌方信号进行侦察的实质是能截获到一定距离上的敌方信号,以及对敌方信号的识别能达到一定的概率,因此,可以定义基于信号侦察能力的性能度量 MOP_1。设通信侦察干扰系统满足能截获敌方信号并进行识别的距离的程度为 d_{rec},又假设通信侦察干扰系统对敌方通信信号的识别概率为 p_{rec},于是有

$MOP_1 = d_{rec} \cdot p_{rec}$。

收到通信指挥控制站的干扰任务后,通信侦察干扰系统的任务就是对敌方信号进行干扰以破坏敌方通信能力,因此,定义基于干扰能力的性能度量为MOP_2。设通信侦察干扰系统对敌方信号进行干扰,敌方受到干扰后完全不能完成通信任务时的通信误码率(或误信率)为p_{jam},则有$MOP_2 = p_{jam}$。显然,当敌方的通信误码率小于p_{jam}时,通信侦察干扰系统不能达到压制干扰效果。

另外,通信侦察干扰系统也会受到敌方的侦察与干扰。通信侦察干扰系统必须具备电子防护能力,以对抗敌方的电子进攻。因此,定义基于电子防护能力的性能度量为MOP_3,针对不同的电子进攻方式,电子防护的手段多种多样,将通信侦察干扰系统的电子防护能力定义为p_{pro},则有$MOP_3 = p_{pro}$。

第三步,根据系统在环境中的作战运用规律,分析系统的工作行为过程,建立系统原始参数$\{X_i\}$到系统性能度量的映射f_s,即$\{MOP_i\}_s = f_s(X_1, X_2, \cdots, X_k)$。

系统映射就是通过一定的数学量化方法,将系统的结构、行为和性能参数在作战过程中对性能度量 MOP 的影响描述出来,从而体现它们对系统完成使命的作用。

1.系统性能度量 MOP_{s1}

通信侦察干扰系统的信号侦察能力包括信号截获能力、信号参数测量能力、信号识别能力、信号测向能力等,这里主要考虑信号截获能力、信号识别能力,通过系统的侦察距离和截获识别概率进行表征。通信侦察干扰系统对敌方通信信号的侦察距离由下式计算:

$$d = \exp\left[\frac{1}{20}(P_s + G_s - 32.45 - 20\lg f - P_r - A)\right]$$

式中:P_s——敌方通信装备的发射功率;

G_s——敌方通信装备的发射天线增益;

f——发射频率;

P_r——通信侦察干扰系统侦察装备天线处的信号功率;

A——电波在有能量损耗的媒质中传播所造成的场强衰减因子,其取值与传播方式、传播媒质、电波的频率和极化方式等有关。

若敌方通信信号位于通信侦察干扰系统的侦察距离之外,则$d_{rec} = 0$;若敌方通信信号位于通信侦察干扰系统的侦察距离之内,则$d_{rec} = 1$。

假设某时间段敌方通信信号共有 N 个,通信侦察干扰系统能正确截获识别的有 n 个,则通信侦察干扰系统的截获识别概率为

$$p_{rec} = \frac{n}{N}$$

建立系统性能度量的表达式为

$$MOP_{s1} = p_{rec} \cdot d_{rec}$$

2.系统性能度量 MOP_{s2}

通信侦察干扰系统对敌方信号进行干扰,主要目的是压制敌方的通信效果,因此,当敌方进行话音通信时,系统性能度量 MOP_{s2} 用语音传输误信率进行表征;当敌方进行数据通信时,用数字误码率进行表征。

当敌方进行话音通信时,主要通过所收到语音信号质量来衡量其通信质量,即所传输的话音信息内容能无误接收的比例。把通信装备错误接收的音节、因素、词汇、句子的比例称为误信率,记为 p_e,把相应的清晰度和可懂度记为 D ,则性能度量为

$$MOP_{s2} = p_e = 1 - D$$

当敌方进行数据报文的通信时,假设其通信装备采用二进制数字基带信号传输,则性能度量为

$$MOP_{s2} = \begin{cases} 1 - \varphi\left(\sqrt{\rho/2}\right), & \text{单极性信号} \\ 1 - \varphi\left(\sqrt{\rho}\right), & \text{双极性信号} \end{cases}$$

其中

$$\varphi(x) = \frac{1}{\sqrt{2\pi}} \int_{-\infty}^{x} \exp(-t^2/2) \, dt$$

$$\rho = \begin{cases} \dfrac{A^2}{2\sigma_n^2}, & \text{单极性信号} \\ \dfrac{A^2}{\sigma_n^2}, & \text{双极性信号} \end{cases}$$

式中:A ——信号拍幅度;

σ_n^2 ——正态白噪声功率。

假设敌方通信装备采用 2FSK 信号传输,并假设符号"0"出现的概率为 $P(0)$,符号"1"出现的概率为 $P(1)$,则当 $P(0) = P(1)$,采用非相干检测法时,性能度量为

$$MOP_{s2} = \frac{1}{2} \exp\left(-\frac{\rho_i}{2}\right)$$

采用相干检测法时,性能度量为

$$\mathrm{MOP}_{s2} = \frac{1}{2}\mathrm{erfc}\left(\sqrt{\frac{\rho_i}{2}}\right)$$

其中

$$\mathrm{erfc}(x) = 1 - \frac{2}{\sqrt{\pi}}\int_{-\infty}^{x}\exp(-t^2/2)\,dt$$

式中:ρ_i——解调器输入端信噪比。

3.系统性能度量 MOP_{s3}

电子防护能力包括反电子侦察、反电子干扰、反辐射攻击等,但是对于具体的电子装备,其采用的电子防护技术不能针对所有的电子进攻手段。在本例中,对通信侦察干扰系统的电子防护能力的评估采用定性评估的方法进行:分析在对敌方信号进行侦察与干扰过程中所涉及的电子防护能力,计算这些电子防护能力之间的相对重要性,并确定通信侦察干扰系统是否具备这些电子防护能力,若具备某一项电子防护能力,则其性能度量为 1,否则为 0。因此,性能度量 MOP_{s3} 的计算模型为

$$\mathrm{MOP}_{s3} = \sum_{i=1}^{m}\omega_i p_i$$

式中:p_i——第 i 项电子防护能力的性能度量值;

　　　ω_i——第 i 项电子防护能力的权重;

　　　m——该任务中涉及的电子防护能力数量。

第四步,用同样的方法建立使命映射。根据系统使命要求,建立使命原始参数 $\{Y_i\}$ 到系统性能度量的映射 f_m,即 $\{\mathrm{MOP}_i\}_m = f_m(Y_1, Y_2, \cdots, Y_n)$。

使命性能度量就是在一定背景下,把使命原始参数的值域要求转化为对性能指标的值域要求的一种映射。使命性能度量映射与系统的技术性能和结构没有关系,仅从系统的作战使命要求来考虑映射关系。

通信侦察干扰系统对敌方通信信号进行侦察与识别,使命要求是在一定的侦察距离和侦察概率下进行有效侦察,因此,对信号的侦察(包括截获与识别过程)概率不能小于一固定的最小值要求。假设对敌方通信信号的最小侦察概率为 $p_{\text{rec-min}}$,则使命要求为

$$p_{\text{rec-min}} \leqslant \mathrm{MOP}_{M1} \leqslant 1$$

在通信侦察干扰系统对敌方通信信号的干扰方面,其使命是对敌方进行有效压制,使敌方不能进行有效通信。假设敌方进行有效通信时允许的最大

误码率(或误信率)为 $p_{\max}$,则使命要求为

$$p_{\max} \leqslant \mathrm{MOP}_{\mathrm{M2}} \leqslant 1$$

在保护己方免受敌方电子攻击方面,最理想的情况是通信侦察干扰系统具备所有的电子防护能力,可以全面应对敌方的电子攻击。假设通信侦察干扰系统电子防护能力的最低要求为 $\alpha_{\min}$,则使命要求为

$$\alpha_{\min} \leqslant \mathrm{MOP}_{\mathrm{M3}} \leqslant 1$$

第五步,将系统性能度量空间和使命性能度量空间变换成一组由公共性能度量的公共性能度量空间。因为根据前面四步计算得到系统性能度量空间和使命性能度量空间两个空间,它们是用不同性能度量或不同比例的性能度量定义的,使它们成为有相同单位的性能度量,并进一步对其值进行归一化,使性能度量值在 $[0,1]$ 范围,这样的公共性能度量空间就是一个单位超立方体(各边都平行于坐标轴)。

在上述性能度量空间内,通信侦察干扰系统对敌方通信信号的侦察与干扰任务要求,基于 $\mathrm{MOP}_{\mathrm{M1}} \times \mathrm{MOP}_{\mathrm{M2}} \times \mathrm{MOP}_{\mathrm{M3}}$ 形成使命轨迹,执行具体任务时,基于 $\mathrm{MOP}_{\mathrm{s1}} \times \mathrm{MOP}_{\mathrm{s2}} \times \mathrm{MOP}_{\mathrm{s3}}$ 形成系统轨迹。可以想象,通信侦察干扰系统的使命轨迹是三维欧氏空间中由区间 $[p_{\mathrm{rec-min}},1]$、$[p_{\max},1]$、$[\alpha_{\min},1]$ 形成的立方体。

第六步,根据系统原始参数的取值范围,由系统映射和使命映射分别产生系统轨迹 L_s 和使命轨迹 L_m ,基于空间测度 $\overline{V}$ 即可得到系统的效能。

通信侦察干扰系统的效能是在已建立的系统映射和使命映射的基础上完成的,系统轨迹和使命轨迹(上述立方体)的相交部分就是系统效能。假设通信侦察干扰系统对敌方通信信号执行侦察与干扰任务,计算多次试验任务的数学期望,侦察概率为 p_{rec} ,敌方通信误码率为 p_{jam} ,电子防护能力为 α ,如果 $p_{\mathrm{rec}} \leqslant p_{\mathrm{rec-min}}$、$p_{\mathrm{jam}} \leqslant p_{\max}$、$\alpha \leqslant \alpha_{\min}$ 三个不等式中有一个成立,那么通信侦察干扰系统的系统效能 $E = 0$,否则,有

$$E = \frac{\overline{V}(L_s \bigcap L_m)}{\overline{V}(L_m)} = \frac{(p_{\mathrm{rec}} - p_{\mathrm{rec-min}})(p_{\mathrm{jam}} - p_{\max})(\alpha - \alpha_{\min})}{(1 - p_{\mathrm{rec-min}})(1 - p_{\max})(1 - \alpha_{\min})}$$

由上述过程可以看出,系统效能分析法的主要工作集中在性能度量 MOP 的提取、系统映射 f_s 和使命映射 f_m 三个方面,其中系统映射的建立是整个分析过程的重点,把系统的结构、功能、行为和原始参数对系统运行过程的影响描述了出来,从而体现它们对系统完成使命的作用。

系统效能分析法具有三个典型特征。

1.物理意义明显

SEA 法把系统能力与使命要求放在同一个性能度量空间中进行比较,从而实现了对系统完成使命程度的评价,所定义的系统效能表明了系统完成使命的可能性大小,其含义十分明确。

2.系统工程思想

由于系统的使命是定义在系统与环境组成的高层系统上,因此,系统效能分析法实际上是把系统置于一个更大的系统中去认识和评价的。这种思路揭示了系统效能分析法的系统工程思想。

3.方法论思维

系统效能分析法是一种方法论,实际的系统效能分析建模则需要根据具体的系统、环境和使命具体分析,而其基于具体的系统使命含义的性能量度MOP 的提取、系统映射 f_s 和使命映射 f_m 的建立则显示了实际模型的形成过程。

三、适用范围

系统效能分析法作为武器系统效能评价的重要方法,其优点在于综合地反映了内部各因素对效能的影响。另外,系统效能分析法可灵活应用于武器系统建设的各个阶段和各种作战系统环境中,有很大的普遍性。

系统效能分析法的缺点比较明显,在具体评价过程中关于属性选取和映射建立都是主观性很大的工作,需要建模者对系统环境和建模方法有深刻的理解,这就限制了方法使用的广泛性。

第八节 基于粗糙集的评估技术方法

波兰数学家 Z. Pawlak 于 1982 年提出的粗糙集(Rough Set)理论,是一种处理不确定和不精确问题的新型数学工具。其最显著的特点是无需提供问题处理所需的数据集之外的任何先验信息,如统计学中的概率分布、模糊集理论中的隶属函数等,因此,便于对实际问题的不确定性做出较客观的描述或处理。

一、基本概念

粗糙集理论是由波兰数学家 Z.Pawlak 在 1982 年提出的一种数据分析理论,常用于处理模糊和不精确的问题。经典的 Z.Pawlak 粗糙集模型建立在等价关系的基础上,引入上、下近似的概念,建立了粗糙集理论和方法,关键在于等价关系。粗糙集理论不排斥其他处理不确定性的理论,事实证明,它与其他理论的结合能取得更好的效果。粗糙集理论主要具有如下特点。

1.粗糙集理论在处理不确定性问题时不需要先验知识

模糊集和概率统计方法是处理不确定信息的常用方法,需要一些数据的附加信息或先验知识,如模糊隶属函数和概率分布等,但这些信息有时并不容易得到。粗糙集理论分析方法仅利用数据本身提供的信息,无需任何先验知识。

2.粗糙集是一个强大的数据分析工具,有着严密的数学基础

粗糙集能表达和处理不确定信息;能在保留关键信息的前提下对数据进行简化,并求得知识的最小表达;能识别并评价数据之间的依赖关系,揭示出描述简单的模式;能从经验数据中获取易于证实的规则知识,特别适于智能控制。

3.粗糙集与模糊集分别刻画了不确定信息的两个方面

粗糙集以不可分辨关系为基础,侧重于分类;模糊集基于元素对集合隶属程度的不同,强调集合本身的含糊性(Vagueness)。从粗糙集的观点看,粗糙集不能精确定义的原因是缺乏足够的论域知识,但可以用一对精确的集合逼近。粗糙集和模糊集这两种理论互相补充,粗糙集和证据理论有一些相互交叠之处,在实际应用中可以相互补充。

二、理论基础

在粗糙集理论中,"知识"被认为是一种将现实或抽象的对象进行分类的能力。假设具有关于论域的某种知识,使用属性及其值来描述论域中的对象。例如,空间物体集合 U 具有"颜色""形状"这两种属性,"颜色"的属性值取为红、黄、绿,"形状"的属性值取为方、圆、三角形。从离散数学的观点看,"颜色"

"形状"构成了空间物体集合 U 上的一组等效关系。空间物体集合 U 中的物体，按照"颜色"这一等效关系，可以划分为"红色的物体""黄色的物体""绿色的物体"等集合；按照"形状"这一等效关系，可以划分为"方的物体""圆的物体""三角形的物体"等集合；按照"颜色＋形状"这一合成等效关系，又可以划分为"红色的圆物体""黄色的方物体""绿色的三角形物体"等集合。如果两个物体同属于"红色的圆物体"这一集合，那么它们之间是不可分辨关系，因为描述它们的属性都是"红"和"圆"。不可分辨关系的概念是粗糙集理论的基石，揭示出论域知识的颗粒状结构。

　　下面是一些在粗糙集理论中比较常用的基础定义，将有助于后续内容的描述和理解。

　　定义 1　称四元组 $S=(U,A,V,f)$ 为一个知识表达系统，其中：

　　U 为对象的非空有限集合，称为论域 $U=\{x_1,x_2,\cdots,x_n\}$；

　　$A=C\bigcup D$ 为属性的非空有限集合；

　　$C\bigcap D=\varnothing$，子集 C 和 D 分别称为条件属性集和结果属性集；

　　$V=\underset{a\in A}{Y}V_a$ 是属性值的集合，V_a 表示属性 $a\in A$ 的取值范围，即属性 a 的值域；

　　$f:U\times A\to V$ 是一个信息函数，指定 U 中每一个对象 x 的属性值。

　　定义 2　每一个属性子集 $P\subseteq A$ 决定了一个二元不可区分关系 $\mathrm{IND}(P)$：$\mathrm{IND}(P)=\{(x,y)\in U\times U\mid V_a\in P,f(x,a)=f(y,a)\}$，$\mathrm{IND}(P)$ 是论域 U 上的等价系，关于 $\mathrm{IND}(P)$，$P\subseteq A$ 构成了 U 的一个划分，用 $U\mid\mathrm{IND}(P)$ 表示，其中的任一元素称为等价类。

　　定义 3　在粗糙集中，信息系统是一种知识表达方式。设 $S=(U,A,V,f)$ 是一个信息系统，$P\subseteq A$，$U/\mathrm{IND}(P)=\{x_1,x_2,\cdots,x_n\}$，则知识 P 的信息量定义为

$$I(P)=\sum_{i=1}^{n}\frac{|X_i|}{|U|}\left(1-\frac{X_i}{|U|}\right)=1-\frac{1}{|U^2|}\sum_{i=1}^{n}|X_i|^2$$

式中：$|X_i|$——集合 X_i 的基数；

$|X_i|/|U|$——等价类 X_i 在 U 中的概率。

三、方法和步骤

　　基于粗糙集的装备效能评估共分为 9 个步骤，如图 4－13 所示。

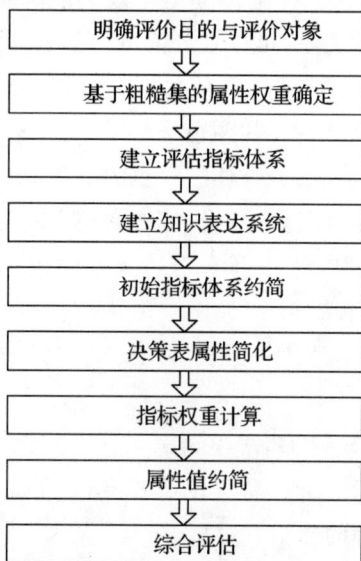

图 4-13 基于粗糙集的装备效能评估基本步骤

（1）明确评价目的与评价对象。根据实际评价的需求，明确评价的具体目的与边界，在此基础上，完成数据的获取工作。实际评价数据可能来自于实际使用、应用测试或仿真模拟，无论何种来源，必须对实际评价数据进行初期分析，对数据满足评价的可能性进行判断，必要时补充数据。

（2）基于粗糙集的属性权重确定。由粗糙集理论的信息量定义，可知当从不同的属性角度考虑信息系统的分类时，相同的分类确定了不同属性具有相同的信息量。反之，当两个属性信息相同时，系统的分类必相同。换言之，某些属性的加入会直接影响到系统的分类，而将某些属性从信息系统中去掉可能不会改变系统的分类能力。

设系统中的条件属性为 C，决策属性为 D，在 C 中有 n 个属性 x_1，$x_2, \cdots, x_n$，考察所有条件属性将样本划分为决策类的分类能力，用决策属性对条件属性的依赖度 $r_C(D)$ 表示。在去掉条件属性 i 后，再重新考察分类情况，得到属性 i 的重要度 $r_C(D) - r_{C-\{i\}}(D)$。进行归一化处理后即可得到属性 i 的客观权重：

$$q(x_i) = [r_C(D) - r_{C-\{i\}}(D)] / \sum r_C(D) - r_{C-\{i\}}(D)$$

（3）建立评估指标体系。

（4）建立知识表达系统。从最低一层指标开始，建立其对上层指标的知识表达系统，各子指标即构成条件属性集合 C，上层指标即为对应的决策属性 D。

（5）初始指标体系约简。观察决策表，对于论域 U，若属性 $i,j \in A$ 对应的评估对象的属性值相同，则认为属性 i,j 具有相同的分辨能力，只需保留一个，经过删除相关列，初步简化决策表，缩减对应的初始指标体系。

（6）决策表属性简化。计算不可分辨关系、属性依赖度和属性重要度，进一步简化决策表及对应的指标体系。

（7）指标权重计算。先计算底层各指标权重，然后计算较高一层各指标的权重，将主观权重和客观权重相结合，得出综合权重。

（8）属性值约简。考察决策表中各规则，计算其核值，得到约简后的属性值，获得描述各评估对象特征信息的决策规则。

（9）综合评估的计算。根据属性的各自权重及属性值的意义，综合决策规则的描述信息，对各评估对象做出相应的评估。

四、适用范围

装备作战试验评估的效果好坏很大程度上依赖于评估数据的质量高低。然而，实际的评估数据中往往存在大量的不确定性因素。粗糙集（Rough Set，RS）是一种用来分析、推理和挖掘数据之间的关系，发现隐含的知识，探寻数据间的潜在规律的理论。

其最大优势是能从评估过程中产生的大量不精确的数据中分析、推理和挖掘出有价值的因果关联知识，为装备作战试验评估中难以完全量化的评估问题提供解决思路和方法参考。

第九节　基于质量功能展开的评估技术方法

质量功能展开（Quality Function Deployment，QFD）是一种按需求驱动的产品开发方法。本节介绍一种基于质量功能展开的装备作战效能评估技术方法。

一、基本概念

质量功能展开亦称"质量屋"，也称质量表，是一种形象、直观的二元矩阵展开图表，将需求与措施的关系度展现出来。其最早是由赤尾洋二在 1966 年提出的,目的是在产品设计阶段就确定出制造过程中的质量控制要点,减少生产初期错误的发生。基于质量功能展开的评估技术方法是一种面向用户需求的产品开发决策方法,可将用户需求逐级分解为有关的技术特性,并且通过对各级技术要求等项目的重要度加权评价找出对产品质量及其关键作用的影响因素。

二、方法和步骤

基于质量功能展开的装备作战效能评估技术方法的总体思路是建立"装备作战使命任务-作战活动-子能力"映射,确定装备评估指标要素,在此基础上利用质量功能展开建立活动-子能力关系矩阵,确定各指标要素的模糊权重,并进行合理量化,以此得出效能评估结论。

(一)使命任务分解

根据装备使命任务,可采用美国国防部体系结构框架(DoDAF)分析工具中使命任务到作战活动映射关系矩阵、作战活动到子能力映射关系矩阵,分析出武器装备完成作战总目标需要经过 m 项作战活动 $(M_1,M_2,\cdots,M_n)$,完成这些活动应具备 n 项子能力 $(Q_1,Q_2,\cdots,Q_n)$。

(二)建立质量功能展开

首先,确定各作战活动对装备使命任务的重要程度 W_i;其次,确定各项子能力对各项作战活动的重要程度矩阵 $\{R_{ij}\}$;最后,得出武器装备各子能力的综合重要程度 X_j,作战活动-作战能力质量功能展开示意图如图 4-14 所示。

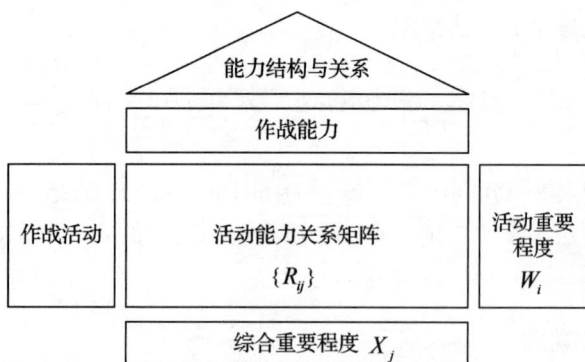

图 4-14 作战活动-作战能力质量功能展开

(三)计算重要程度

作战活动与子能力之间的相互关系由专家确定,但由于不同专家的知识结构和经验存在差异,因此,必然会给出不同结果,且二者之间的关系难以用精确数值描述,其评估结果应该是一个模糊值。这里采用基于 α 截集的模糊加权平均方法处理模糊的专家评价结果,以此得到较为准确的权重系数,建立效能评估模型。

设完成装备使命任务包含 m 项作战活动,需要 n 项子能力,作战活动 M_i 的模糊权重为 $\tilde{W}_i$,作战活动 M_i 和子能力 Q_j 之间的模糊相关性测度为 $\tilde{X}_{ij}$。

$$\tilde{W}_i = \{w_i, \mu_{\tilde{w}_i}(w_i) \mid w_i \in W_i\}$$

$$\tilde{X}_{ij} = \{x_{ij}, \mu_{\tilde{x}_{ij}}(x_{ij}) \mid x_{ij} \in X_{ij}\}$$

其中,W_i 和 X_{ij} 是模糊数,分别表示作战活动相对权重和作战活动与子能力间相关性测度的全集,$\mu_{\tilde{w}_i}$ 和 $\mu_{\tilde{x}_{ij}}$ 分别是 W_i 和 X_{ij} 的隶属度函数。

考虑子能力的自相关性,作战活动与子能力的关联性测度为

$$\tilde{X}_{ij}^* = \sum_{k=1}^{n} \tilde{X}_{ik} D_{kj}$$

式中:D_{kj} ——子能力自相关对称矩阵。

定义第 j 项子能力重要度为

$$\tilde{Y}_j^* = \sum_{i=1}^{m} \tilde{W}_i \tilde{X}_{ij}^* \Big/ \sum_{i=1}^{m} \tilde{W}_i \quad (j = 1, 2, \cdots, n)$$

$\tilde{Y}_j^*$ 是一个模糊加权平均数。在计算子能力重要度时,考虑到 $\sum\limits_{i=1}^{m} \tilde{W}_i$ 仍是一个模糊数,应用基于 α 截集的模糊加权部分规划方法求解。

定义 $(W_i)_\alpha$ 和 $(X_{ij}^*)_\alpha$ 的 α 截集分别为

$$(W_i)_\alpha = \{w_i \in W_i \mid \mu_{\tilde{w}_i}(w_i) \geqslant \alpha, 0 \leqslant \alpha \leqslant 1\}$$

$$= [\min_{w_i}\{w_i \in W_i \mid \mu_{\tilde{w}_i}(w_i) \geqslant \alpha\}, \max_{w_i}\{w_i \in W_i \mid \mu_{\tilde{w}_i}(w_i) \geqslant \alpha\}]$$

$$(X_{ij}^*)_\alpha = \{x_{ij}^* \in X_{ij}^* \mid \mu_{\tilde{X}_{ij}}(x_{ij}^*) \geqslant \alpha, 0 \leqslant \alpha \leqslant 1\}$$

$$= [\min_{x_{ij}^*}\{x_{ij}^* \in X_{ij}^* \mid \mu_{\tilde{X}_{ij}^*}(x_{ij}^*) \geqslant \alpha\}, \max_{x_{ij}^*}\{x_{ij}^* \in X_{ij}^* \mid \mu_{\tilde{X}_{ij}^*}(x_{ij}^*) \geqslant \alpha\}]$$

$\tilde{Y}_j$ 也是一个模糊数,α 截集的上、下限 $(Y_j)_\alpha^U$ 和 $(Y_j)_\alpha^L$ 分别是当 $Y_j = \sum\limits_{i=1}^{m} w_i x_{ij}^* \Big/ \sum\limits_{i=1}^{m} w_i$,$w_i \in (W_i)_\alpha$,$x_{ij}^* \in (X_{ij}^*)_\alpha$ 时的最大值、最小值,可以通过一对非线性部分规划模型计算,则有

$$\begin{cases} (Y_j)_\alpha^U = \max \sum_{i=1}^m w_i x_{ij}^* / \sum_{i=1}^m w_i \\ \text{s.t.} \quad (W_i)_\alpha^L \leqslant w_i \leqslant (W_i)_\alpha^U \\ \quad (X_{ij}^*)_\alpha^L \leqslant x_{ij}^* \leqslant (X_{ij}^*)_\alpha^U \end{cases}$$

$$\begin{cases} (Y_j)_\alpha^L = \min \sum_{i=1}^m w_i x_{ij}^* / \sum_{i=1}^m w_i \\ \text{s.t.} \quad (W_i)_\alpha^L \leqslant w_i \leqslant (W_i)_\alpha^U \\ \quad (X_{ij}^*)_\alpha^L \leqslant x_{ij}^* \leqslant (X_{ij}^*)_\alpha^U \end{cases}$$

式中，$i=1,2,\cdots,m$；$j=1,2,\cdots,n$。分母非负且不包含项。当 x 分别取上、下限 $(X_{ij}^*)_\alpha^U$ 和 $(X_{ij}^*)_\alpha^L$ 时，分别对应 y_j 在 α 截集上的最大值、最小值。这样，在目标函数式中，变量 X_{ij}^* 可以分别被 $(X_{ij}^*)_\alpha^U$ 和 $(X_{ij}^*)_\alpha^L$ 所替代。根据变量转换方法，设 $t=1/\sum_{i=1}^m w_i$，$v_i=tw_i$，该模型可以转化为线性部分规划，即

$$\begin{cases} (Y_j)_\alpha^U = \max \sum_{i=1}^m v_i (x_{ij}^*)_\alpha^U \\ \text{s.t.} \quad t(W_i)_\alpha^L \leqslant v_i \leqslant t(W_i)_\alpha^U \\ \quad\quad \sum_{i=1}^m v_i = 1 \end{cases}$$

$$\begin{cases} (Y_j)_\alpha^L = \min \sum_{i=1}^m v_i (x_{ij}^*)_\alpha^L \\ \text{s.t.} \quad t(W_i)_\alpha^L \leqslant v_i \leqslant t(W_i)_\alpha^U \\ \quad\quad \sum_{i=1}^m v_i = 1 \end{cases}$$

式中，$i=1,2,\cdots,m$；$j=1,2,\cdots,n$；$t \geqslant 0$，$v_i \geqslant 0$。

由上式求得 $\tilde{Y}_j$ 的 α 截集是一个精确的区间值 $[(Y_j)_\alpha^L, (Y_j)_\alpha^U]$，通过列举不同的 α 值可构建隶属度函数 $\mu_{\tilde{Y}_j}$。应用平均水平截集去模糊化方法，计算公式如下：

$$(Y_j)_{\text{ALC}} = \frac{1}{N} \sum_{i=1}^N \left[\frac{(Y_j)_{\alpha i}^L + (Y_j)_{\alpha i}^U}{2} \right]$$

式中，$j=1,2,\cdots,n$；$\alpha_1,\alpha_2,\cdots,\alpha_N$ 是不同的 α —截集水平，满足 $\alpha_1 < \cdots < \alpha_N = 1$。由上式计算子能力不同 α 截去模糊值。

(四)聚合装备子能力

采用加权聚合的方法实现装备子能力到作战能力的聚合。加权聚合包含加权积与加权和两类方法。评价装备组合的整体能力，强调装备的所有能力均衡发展才能达到整体能力最大，通常采用加权积的方法；评价子能力相互独立的武器装备，强调装备各种能力的综合评估值，通常采用加权和的方法。

加权积的计算公式为

$$C_j = Q_1^{w1} Q_2^{w2} \cdots Q_j^{wj}$$

式中，$j=1,2,\cdots,m$。

加权和的计算公式为

$$C_j = \sum_{k=1}^{n} (W_k Q_k)$$

式中，$k=1,2,\cdots,l$。

三、适用范围

基于质量功能展开的评估技术方法体现了"顾客至上""源头抓起""系统策划"和"定量化分析"等质量管理理念，可以清晰、直观、定性与定量相结合地把用户需求多层次地展开到产品工程特性、零部件特性、工艺要求和生产操作等各阶段。

结合作战目标，基于质量功能展开的评估技术方法能够建立武器装备作战活动与子能力关系矩阵，得出子能力模糊权重，建立起紧贴作战目标的武器装备作战能力评估指标，实现对装备实战化能力的全面评估。

第十节　基于系统动力学模型的评估技术方法

基于系统动力学（System Dynamic，简称 SD）模型的评估技术方法是一种研究处理复杂系统问题的方法，是系统分析、综合与推理的方法。武器装备可以看成一个结构有序、对作战对象及战场电磁环境产生响应、在规定作战任务的过程中有一定自我组织调节能力的复杂系统，利用系统动力学模型可以解决武器装备效能评估问题。

一、基本概念

系统动力学是 20 世纪 50 年代由美国麻省理工学院史隆管理学院教授福瑞斯特(Forrester)提出来用于研究系统动态行为的一种计算机仿真技术。系统动力学又被誉为"战略与策略实验室",以反馈控制理论为基础,以计算机仿真技术为手段,从系统的整体观出发,充分估计和研究其影响因素,不回避复杂性,其所获得的信息被用来分析和研究系统的结构和行为,为正确决策提供科学依据。

系统动力学认为,系统的行为模式与特性主要取决于其内部动态的结构与反馈机制,按照系统动力学理论与方法建立的模型是一种结构与功能的模拟,是定量模型和概念模型一体化的模型,可以定性与定量地研究复杂系统的结构、功能与行为之间动态的辩证关系。系统动力学建模的基础理论是系统论和信息反馈理论。

二、方法和步骤

基于系统动力学进行武器装备体系效能研究的显著特点就是基于因果关系和结构来决定体系行为,建立系统动力学模型,通过仿真软件分析研究体系的动态行为之间的内在联系。

(一)体系描述

装备体系的整体性与层次性是应用系统动力学进行体系效能分析的理论依据。系统动力学对装备体系的描述可以分为以下两步。

1.装备体系的描述

装备体系可划分为若干个相互关联的子系统(或子结构),即

$$S = \{S_i \in S \mid i = 1, 2, \cdots, p\}$$

式中：S ——武器装备体系;

S_i ——第 i 个子系统(或子结构);

p ——子系统的数目。

上述子系统中,通常仅有部分子系统是相对重要的,各子系统的相互关系可以通过关系矩阵的非主导元反映出来。

2.子系统的描述

子系统 S_i 由基本单元、一阶反馈回路组成,一阶反馈回路包含三种基本变量,即状态变量、速率变量和辅助变量,这三种变量可以分别由状态方程、速率方程和辅助方程表示。它们与其他一些变量方程、数学函数、逻辑函数、延迟函数和常数一起描述装备体系及其作战能力的变化。这些方程能描述装备体系的动态性、时变性、非线性等特征。相关变量描述如下:

$$\begin{cases} \dot{L} = PR \\ \begin{bmatrix} R \\ A \end{bmatrix} = W \begin{bmatrix} L \\ A \end{bmatrix} \end{cases}$$

式中: L ——状态变量向量;

R ——速率变量向量;

A ——辅助变量向量;

$\dot{L}$ ——纯速率变量向量,通常为各速率变量向量 R 的线性组合;

P ——转移矩阵,其作用在于把时刻 t 的速率变量转移到下一个时刻 $t+1$ 上去;

W ——关系矩阵,反映变量 R 与 L 之间、 A 本身在同一时刻上的各种非线性关系。

此外,对于机理尚不清楚、难以用明显数学模型表达的部分系统动力学用半定量、半定性或定性的方法来处理,可以自行定义宏函数来处理某些定性问题。系统动力学模型包含以定量描述为主,辅以半定量、半定性或定性的描述,是定量模型与概念模型的结合与统一。

(二)体系效能评估流程

基于系统动力学模型开展装备体系效能评估,其总体思路如下:先按照系统动力学理论、原理和方法对武器装备体系进行系统分析;然后针对装备体系结构进行详细分析,划分装备体系层次与子系统,构建因果关系图,确定体系与子系统的反馈机制;接着构建装备体系系统动力学模型,在此基础上,依据系统动力学模型进行模拟与分析;最后开展模型的检验与修正,形成最优结果。其基本过程如图 4-15 所示。

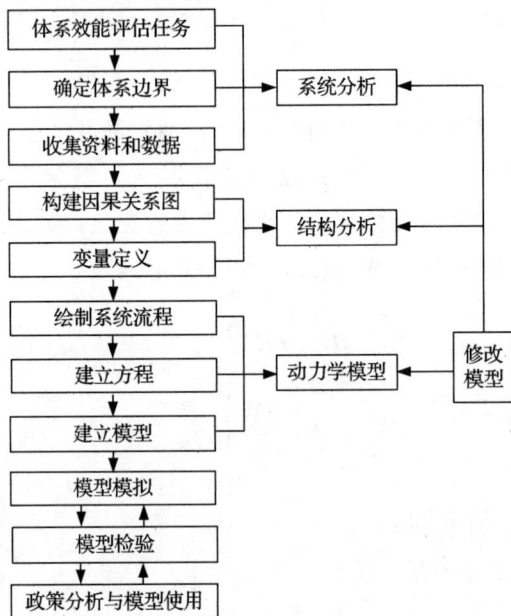

图 4-15　体系效能评估流程

1.系统分析

系统分析主要对武器装备体系效能问题进行分析,包括:分析装备体系效能评估的要求及需要解决的问题;分析收集装备体系构成、使命任务,以及其完成规定作战任务的相关作战及环境参数等;分析影响体系效能的基本矛盾与主要矛盾、变量与主要变量等;初步划分装备体系的界限,分析体系与环境的关系,确定内生变量、外生变量、输入量和政策变量等;描述与效能评估问题有关的体系作战状态,预测体系的期望作战状态,观测体系的特征。

2.结构分析

结构分析主要是处理体系信息,定义变量,并对体系内部反馈回路进行分析。其主要内容包括划分体系的层次与子结构,从上到下,由粗到细,逐步分解体系,重点分析体系总体与局部的反馈机制、反馈环路及其耦合,进行因果关系分析,基于因果机制,画出因果关系图;分析体系的变量、变量间关系,定义体系的内生变量和外生变量,确定主要变量;确定回路及回路间的反馈耦合关系,估计体系的主导回路及其性质,分析主回路动态转移的可能性。

3.建立系统动力学模型

建立系统动力学模型主要包括:在因果关系图的基础上,确定有关的状态变量、流率变量及其他辅助变量,绘制流程图;建立状态变量、速率变量、辅助变量和常数的数学方程,描述定性与半定性的变量关系,并确定方程参数;给所有计算初始值方程式、常数方程式与表函数赋值。在建模过程中要注意非线性、延迟性等一些问题的处理。

4.模拟与分析研究

体系动力学模型是现实武器装备体系的抽象和简化,代表了真实体系的某些断面和侧面。这一步是对程序赋予原始数据及政策变量,在计算机上对模型进行仿真试验,绘制结果曲线图表;寻找解决问题的决策,获取更丰富的信息,发现新的矛盾与问题;对模型的结构或参数进行修改调整,反复模拟试验。

5.模型检验

这一步并不是一定要在最后一步进行,部分内容可以在前面的每一个步骤中分散进行。由于对装备体系的认识是不断变化、发展的,因此,系统动力学建模在实践中不断调整和修改,最终达到最优的结果。

三、适用范围

武器装备的结构、参数与功能、作战能力是随时间的推移而变化的。在装备完成作战任务全过程的始末,其主回路与反馈极性都在不断变动,主回路与非主导回路也在相互转化。基于系统动力学模型的建模仿真评估技术方法以定性分析为先导,以定量分析为支持,适合处理长周期、具有非线性和时变现象的系统问题。利用系统动力学方法来解决体系效能评估与体系贡献率问题具有较大优势。基于系统动力学模型的建模仿真评估技术方法具有以下特点:

(1)能够容纳大量变量。一般可达数千个以上,适合大系统研究的需要。

(2)描述清楚,模型具有很好的透明性。系统动力学模型既有描述系统各要素之间因果关系的结构模型,又有专门形式表现的数学模型,是一种定性分析和定量分析相结合的仿真技术。

(3)模型可以反复运行。模型所含因素和规模可不断扩展,能起到实际系统实验室的作用。通过人机结合,既能发挥人(系统分析人员和决策人员)对所研究系统的了解、分析、推理、评估、创造的优势，又能利用计算机高速计算及迅速跟踪的功能来试验和剖析实际系统，从而获得丰富和深层次信息，为选择最优或满意的决策提供有力依据。

（4）系统动力学能做定量分析。通过模型进行仿真计算，可预测未来一定时期各变量随时间而变化的曲线和数值的变化情况。也就是说，系统动力学能做长期、动态、战略的定量分析研究，特别适用于处理高阶次、非线性、多重反馈复杂时变系统的有关问题。

第十一节　基于探索性分析的评估技术方法

探索性分析（Exploratory Analysis，EA）方法是用于武器装备效能分析研究的一种有效分析方法。通过探索性分析，人们易于理解不确定性因素的影响，全面把握各种关键要素，为武器装备效能评估提供了很好的理论方法参考。

一、基本概念

探索性分析方法是 20 世纪 90 年代美国兰德公司在其联合一体化应急模型（Joint Integrated Contingency Model，JICM）和战略评估系统（Rand Strategy Assessment System，RSAS）的开发中逐步总结出来的一种系统分析方法。

该方法从系统包含的不确定性因素出发，建立系统的动态模型，调整不同的不确定性因素，观察和比较系统的输出变化，从而可以在深入研究特定的系统内部细节之前，给出问题的鲁棒、自适应和灵活的解，获得对系统的全面认识。其目标是理解不确定性因素对所研究问题的影响，全面把握各种关键要素，探索可以完成相应任务需求的各种系统能力和策略，并进行能力规划、方案寻优，即探索性地得出灵活、高效，且适应性强的问题解决方案。美军将该方法广泛应用于一系列的系统分析与系统建模活动中，如武器优化配置问题（Weapon Mix Problem）、作战效能评估问题（Measure of Operations Evaluation），以及美国面对特定冲突的政策选择问题（Options for U. S. Policy）等，形成了一批具有巨大影响力的成果，极大地推动了探索性分析方法的发展。近年来，国内已经开始了探索性分析方法的研究和使用，也出现了一些应用成果。

探索性分析方法具有如下几个重要的特点。

1.着重解决不确定性问题

探索性分析方法主要研究参数的不确定性问题。探索性分析方法用于研究由对现实系统或对未来系统的知识缺乏所产生的模型结构不确定性问题。它将模型结构的不确定性转化为输入参数的不确定性来研究，借以加深对模型结构的认识，进一步改进模型结构。

2.全局和宏观的特性

与传统的基于模型的分析方法相比较，它更注重所研究问题的全局和宏观方面。它通过大量的计算试验为分析人员提供更全面的信息，在问题的解空间中全面地分析其可行解、优化解和最优解。而传统的基于模型的分析方法只是着重在解空间中寻找一个最优解。实际上，在解空间中，有的解可能依赖于特定输入，有的解对参数变化有较强的适应性，有的解以较小精度损失的代价来换取大量计算资源的节省。探索性分析方法重在寻找被传统分析方法所忽略、用户更需要、对参数变化有更高适应性和效费比的优化解，而不一定追求最优解。

3.因果变化的特点

传统分析方法通常是给定输入，研究输出结果，而探索性分析方法既可以分析特定效能指标对输入变量的影响，又可以进一步在更广阔的范围内，通过大量的计算试验，研究分析在想定条件、决策变量、效能指标等各种变量之间的相互关系，大大增强了分析解决各种大型复杂最优化问题的能力。

4.顶层指导特性

探索性分析方法是在大量数学模型和仿真系统综合应用需求迅速增长的推动下发展起来的。它既是求解大型复杂、不确定性问题的新方法，也是在顶层指导管理和应用大量数学模型和仿真系统的新方法。它还可以帮助选择较少的输入方案，以利于减少仿真系统的工作量，扩展其功能。

二、方法和步骤

探索性分析方法自 20 世纪 90 年代出现以来，已有大量的方法和实践的研究。最有代表性的是 Rand 公司的多项战略分析和评价项目的定量化分析工作，如恐怖的海峡、大规模装甲部队入侵的空中打击问题，以及地形、机动能力、战术和 C4ISR 对远距离精确打击的影响评估等。支撑开展探索性分析方法的软件环境方面,较为完善的是 Rand 公司的 RCM 和 Steve Banke 等人开发的 XPLDRE Analytica。该软件支持图形化层次化建模、不确定性因素分析、因素影响度对比分析、中间数据及结果数据可视化等。另外,其独特的智能排列技术使得对模型结构的调整十分方便。

目前常用的探索性分析方法主要包括输入参数探索性分析方法、概率探索性分析方法,以及结合两者的混合探索性分析方法三类。

(一)输入参数探索性分析方法

将输入参数定义为离散化的变量,通过调节输入参数内容使其构成输入参数的多种取值组合,多次运行模型,进行参数探索,对结果进行综合分析研究。试验结果的数据量巨大,往往需要借助计算机的强大数据表现能力来进行交互式的探索研究。当输入参数的样本空间较为庞大时,将大大影响其研究效率。

(二)概率探索性分析方法

概率探索性分析方法是输入参数探索性分析方法的补充。它将输入参数表示为具有特定分布函数的随机变量,运用解析方法或 Monte Carlo 方法来计算结果,分析不确定性对结果的影响。概率探索性分析方法不能完全真实、有效地反映不确定性变量之间的因果关系和相互影响关系,在问题的某些方面得不到有效分析和深入理解。

(三)混合探索性分析方法

最常用的探索性分析方法是将上述两者混合,在使用不确定性分布处理一些变量的不确定性后,将另外一些可控的关键变量用离散化的参数来表示。这在针对军事行动效能的分析中得到了广泛的应用。

一个完整的探索性分析方法主要包括以下四步:

第一步,问题分析。明确探索性分析的研究目标,构造一个范围较大的多维想定空间,包含问题涉及的各种因素和情况,能够反映问题的复杂性和不确定性。

第二步,通过探索性建模,逐步找到想定空间的主要因素,简化次要因素,达到量化想定空间的目的。

第三步,探索想定空间。分析主要因素之间的制约因素,寻找有利的决策选择,形成有效方案。

　　第四步,进行效能分析与评估。通过数据可视化等技术对试验计算结果进行分析,挖掘数据中隐藏的系统信息,提出系统优化的建议或给出适应问题不同条件的措施。

　　基于探索性分析的武器装备效能评估从待评估装备入手,可对武器装备的性能参数与作战效能之间的关系进行双向探索性分析,得出评估结论与相关建议。其总体思路如下:先明确问题背景,分析武器装备的具体应用问题,充分认识装备对作战效果的影响机理,确定待评估装备的影响要素空间;然后通过对要素的整理归纳,建立层次清晰的指标体系,根据指标计算的要求,深入分析各层指标之间的相互关系,构建探索性分析的支撑模型;接着根据评估目的确定评估方案和仿真试验支撑方案,进行仿真试验与探索计算;最后对仿真计算数据进行分析,得出有价值的评估结论,最终形成评价报告。评估过程如图 4-16 所示。

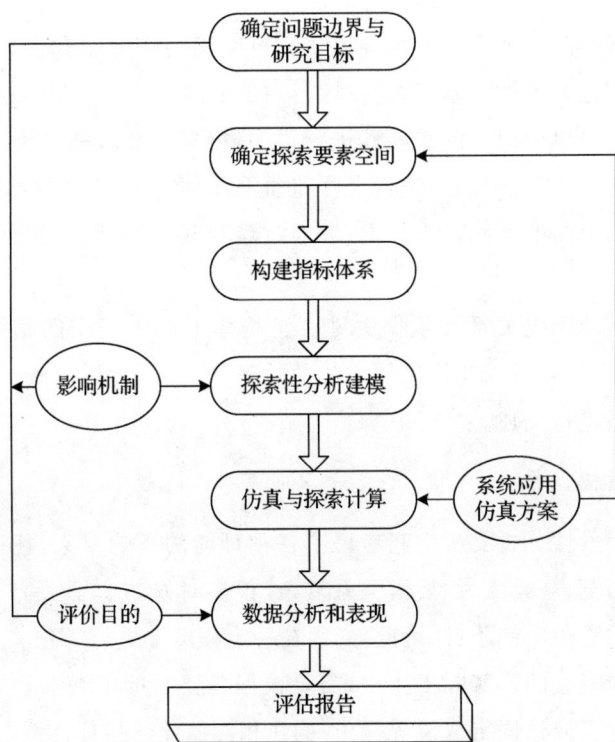

图 4-16　基于探索性分析的武器系统效能评估过程

1.确定问题边界与研究目标

确定问题边界与研究目标是进行探索性分析的起点。这一步必须对评估工作进行广泛讨论与深入分析，以便明确具体的任务与条件等问题。武器的效能与武器本身的性能状态关系密切，还与需要服务的作战任务、作战环境等因素息息相关，需要就评估背景、评估目的、评估对象、评估要求等方面进行界定。

2.确定探求要素空间

基于探索性分析进行效能评估需要在明确问题的基础上对影响评估目标的各种不确定性因素进行分析和确认，包括界定各要素的内涵、确认各要素数值的变化范围、分析相互间影响关系、估计各要素的重要性等工作，进一步构建各类要素的全集合（称为要素空间）。

构建要素空间必须在对不确定因子进行全面梳理的基础上，选取出其中的关键要素。选取关键要素有两种思路：一是采用专家打分、传统单因子灵敏度分析等方法对单个因子的重要性进行排序，根据需要及重要性选定关键要素；二是对原始的不确定因子进行聚合和抽象，即将几个原有的不确定因子聚合映射到一两个新的不确定因子上，以经过聚合映射的新因子作为关键要素进行研究。

分析相互间影响关系要依据关键要素构建不确定因子的相关性映射模型，即确定研究问题输入与输出间的相关性逻辑关系，并以清晰、可量化的方式对逻辑关系进行描述。

3.构建指标体系

构建的探索性分析要素空间考虑了各种可能的影响要素，往往使得要素空间覆盖范围宽、规模庞大、要素关系复杂，很多时候超出了人们有限的认知水平或有限的资源限制条件，因此，必须在一定程度上进行简化。这是通过构建评估指标来完成的。实际工作中，需要根据各要素的关系及重要性程度进行要素的聚合、省略、固定取值等操作，构建相对简化的指标体系，并进一步对指标进行相关性分析、合理性分析、优化与量化等工作。

4.探索性分析建模

探索性分析建模是基于探索性分析进行效能评估的关键。在探索性分析建模阶段，要求从多个视角对问题域中的不确定性进行建模，这些不同的视角反映在对模型的参数、输入变量与模型结构的选择上。建模中需要考虑的重点不是作战双方的攻防过程，而是武器所能提供的服务如何支持与提升作战能力。

探索性分析方法本身只是一种分析方法，对探索性分析建模方法没有特定要求，但由于其研究对象层次高、计算量大，因此，如何选取合适的建模方法，构建出兼顾效率与精度的探索性模型就成了一个突出难题。当前主要使用多层次的多分辨率建模方法来解决这个问题。多分辨率建模方法的主要思想是采用自顶向下分解或自底向上聚合的方式，将源系统划分为从高层计算到底层仿真的多个层次，在不同层次分别建立对研究问题的一致性描述，顶层一般是高度聚合探索因子的低分辨率模型，用于探索性分析过程中的求解运算，底层则是对研究问题的高分辨率建模，用于对顶层模型的运行结果进行解释，为探索性分析提供输入追溯支持，如图 4－17 所示。

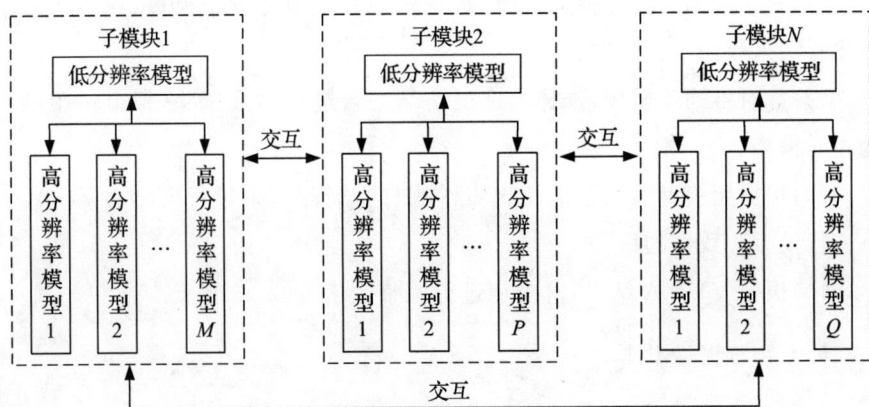

图 4－17　多分辨率建模方法示意图

进行仿真运算时，可根据需要选择不同层次、不同分辨率的模型，从而达到模型精度与运行效率兼顾的目的。常用的方法包括聚合解聚法、视点选择法、一体化层次多分辨率建模法、替代子模型法、元建模法等。

元建模法采用自底向上聚合的方式,将底层复杂、精细、多维的仿真模型进行简化、抽象、降阶,形成解析模型代替原有的仿真模型进行运算,从而提高模型运行效率,是一种灵活度较高、兼容性较强的方法。依托仿真平台的作战系统建模过程如图 4-18 所示,大致可分为四个阶段。

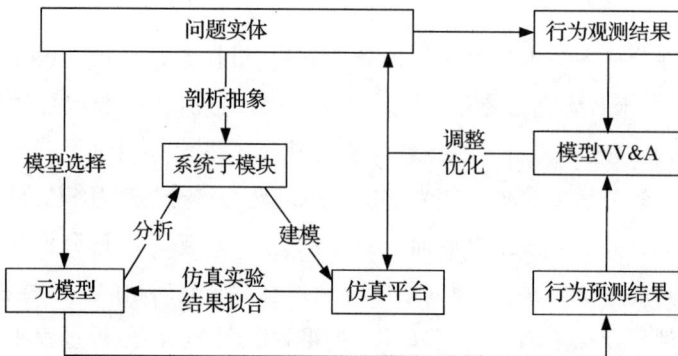

图 4-18　元建模过程

(1)对作战问题进行抽象分析,将系统划分为独立的子模块,在各子模块间建立输入与输出的映射关系。

(2)针对不同子模块,选择合适的仿真平台进行仿真试验,拟合试验结果构建元模型。

(3)根据元模型预测结果及真实作战行为观测结果进行模型 VV&A,着重进行模型一致性的检验。

(4)根据 VV&A 结果,对模型进行调整优化。

5.仿真与探索计算

探索性分析面向策略分析,最终目标是支持决策,因此,在探索性模型建立后要进行大量的仿真计算来支持决策。探索性计算的本质就是对想定空间的各种不确定性因素按不同的规则进行不同组合或取值,形成方案集,通过仿真试验探索不同方案集下的作战运用效果,形成大规模的"输入—输出"数据。并在统计分析的支持下进行要素空间-指标体系-作战运用效果之间的双方探索,评估武器装备的应用效能。这一过程如图4-19所示。实际应用中,往往由于因素多、关系复杂、数据量大而导致探索性分析的规模随着变量个数及其取值数的增加而迅速扩大,需要耗费大量的时间。实际研究中,需要根据时间等方面的限制,对探索计算的广度和深度进行权衡,进行一定的简化。

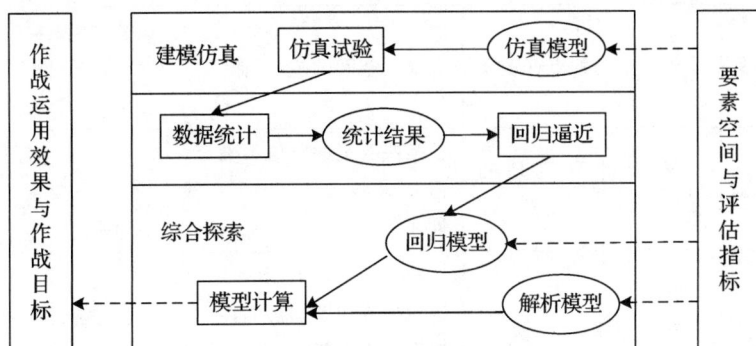

图4-19　探索计算的一般过程

6.数据分析和表现

探索性分析的结果是基于多种规则生成的不同类型参数和不同参数值组合经过探索计算得到的。因此,利用要素空间与效果之间的双向关系对结果进行分析,可以得到各种方案对系统整体效能的不同影响,进而分析得出不确定性因素与系统效能的关系。同时,直观、形象、具有表现力的图示对辅助决策人员进行系统分析是非常重要的。实际工作中,往往需要采取多种形式充分表现各类影响关系。

三、适用范围

基于探索性分析的评估技术方法的主要优点在于有助于在深入研究某个问题领域的细节之前,获得对该领域的全面认识和把握,既可以极大地辅助各种方案、策略的开发和选择,又能阐明某种给定的能力在何时是充分或有效的。同样也可以反过来分析,即为完成某项特定的任务需求,相关的武器系统需要什么样的能力。探索性分析方法与其他系统分析方法之间的主要区别如表4-3所示。

表 4 - 3 探索性分析方法与其他系统分析方法的比较

项目	单一分析	灵敏度分析	探索性分析
分析目标	评价系统方案的优劣,或者比较有限几个方案	通常用于确定关键要素,或者某些不确定要素对所处理问题的影响程度	综合整体地分析某些不确定性要素对所处理问题的影响
分析对象	要素空间的点(0 维)	要素空间的线(1 维)	整个要素空间的面、体、超体(2 维以上)
适用范围	要素的取值是确定的	某些要素的取值不确定,但要求各要素之间关联性弱	要素的取值不确定,且各要素之间关联性强
实现方式	直接计算	独立分析某些不确定要素对处理问题的影响,对某典型要素做扰动分析,其他要素则取定值	在整个要素空间中全排列组合计算
对不确定性的处理	无	事后	内在
计算量	小	中	大

基于探索性分析的评估技术方法的不足之处主要表现在:

(1)该方法是没有具体、固定的形式,给应用带来一定困难。

(2)建立具有层次结构的多分辨率模型体系时比较困难。

(3)受限于计算能力,优秀的计算工具和数据可视化显示工具能够使探索性分析方法更加强大和有效。

(4)要建立和维护大型数据库,对结果的分析也十分烦琐。

第十二节 基于大数据及机器学习的评估技术方法

基于大数据及机器学习的评估技术方法通过对仿真大数据采取关联分析、相似度分析、距离分析、聚类分析等分析手段,寻求可能的数据变化模式、辨识复杂对抗过程中可能出现的作战环、探究各类装备与作战任务的关联关系,形成面向装备体系评估的指标体系,可为未来新型智能装备效能评估系统构建提供思路。

一、基本概念

大数据,IT 行业术语,是指无法在一定时间范围内用常规软件进行捕捉、管理和处理的数据集合,是需要新处理模式才能具有更强的决策力、洞察发现力和流程优化能力的海量、高增长率和多样化的信息资产。

大数据有多方面的特点,从最开始的 3V 模型到目前扩展的 4V 模型就是以大数据的特点命名的。Laney 的 3V 模型包括容量(Volume)、速度(Velocity)和种类(Variety)。其中,数据的大小(容量)决定所考虑的数据的价值和潜在的信息,数据的速度是指获取数据的速度,数据的种类是指数据类型的多样性。4V 模型中的第 4 个 V 有多种解释,如变化性(Variability)、虚拟化(Virtual)或价值(Value)。其中,数据的变化性是指妨碍了处理和有效管理数据的过程,数据的虚拟性是指数据的质量,数据的价值是指合理运用大数据,以低成本创造高价值。

大数据技术的战略意义不在于掌握庞大的数据信息,而在于对这些含有意义的数据进行专业化处理。伴随着大数据的采集、传输、处理和应用的相关技术就是大数据处理技术,是系列使用非传统的工具来处理大量的结构化、半结构化和非结构化数据,从而获得分析和预测结果的一系列数据处理技术。

随着大数据时代的到来,大数据逐渐成为学术界和产业界的热点,已在很多技术和行业中广泛应用:从大规模数据库到商业智能和数据挖掘应用;从搜索引擎到推荐系统;推荐最新的语音识别、翻译等。大数据算法的设计、分析和工程涉及很多方面,包括大规模并行计算、流算法、云技术等。由于大数据存在复杂、高维、多变等特性,因此,如何从真实、凌乱、无模式和复杂的大数据中挖掘出人类感兴趣的知识,迫切需要更深刻的机器学习理论进行指导。

机器学习是人工智能的核心,涉及概率论、统计学、逼近论、凸分析、算法复杂度理论等多门学科。机器学习的问题主要包括四个方面:

(1)理解并模拟人类的学习过程。

(2)针对计算机系统和人类用户之间的自然语言接口的研究。

(3)针对不完全的信息进行推理的能力,即自动规划问题。

(4)构造可发现新事物的程序。

传统机器学习面临的一个新挑战是如何处理大数据。目前,包含大规模数据的机器学习问题是普遍存在的,但是,由于现有的许多机器学习算法是基于内存的,大数据无法装载进计算机内存,因此,现有的诸多算法不能处理大数据。如何提出新的机器学习算法以适应大数据处理的需求,是大数据时代的研究热点方向之一。

二、方法和步骤

传统的评估技术方法主要有定性分析、基于能力评估模型的计算和综合评估技术方法等,这些方法是适应之前战争形态的产物。随着战争形态的演化,作战体系日趋复杂,传统评估技术方法的局限性凸显。比如,定性的思辨方法的前提是经验的有效性。现在处于战争形态转化时期,以前的经验正加速失效,新的经验还未形成,基于评估模型方法的前提是系统结构清晰、稳定,而作战体系的动态结构是可变的,它的能力是对环境和任务适应的结果。本节从大数据与机器学习角度,立足复杂系统体系视角,依据仿真推演过程的时序及数据,从网络性、动态性、关联性等方面提取体系对抗中的关键指标,并进行评估,为效能评估和体系贡献率分析提供方法。

(一)总体构架

基于大数据及机器学习的评估技术方法以武器装备体系作战网络模型为基础,利用复杂网络的相关性能指标及计算方法,从作战网络评估和特定目标场景下的体系作战能力分析两方面对体系效能进行评估,发现体系能力建设中的短板及关键装备,对武器装备体系结构顶层设计进行优化,以满足未来作战需求。构建装备体系对抗过程中的作战环,在特定对抗场景下依托实时推演仿真数据,驱动大量作战环路的协同流转,通过梳理作战环路的数量、长度、闭合性、有效性,支撑指控关系网、通信交互网及装备效能网的分析评估。其总体技术架构如图 4-20 所示。

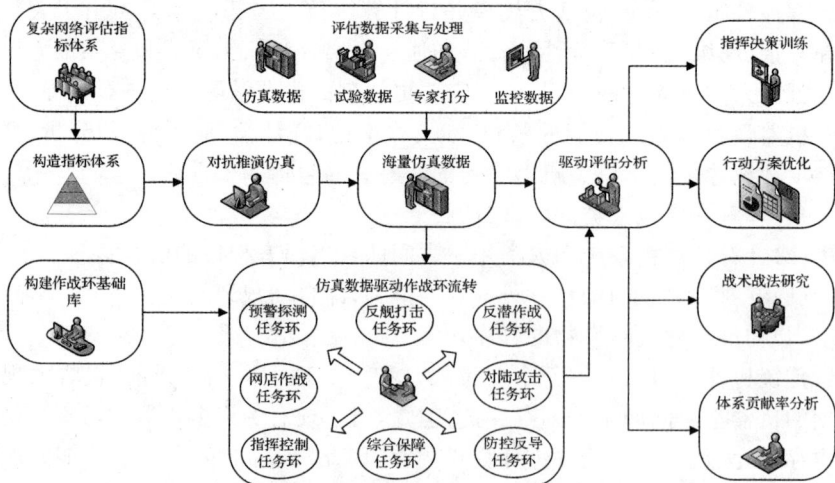

图 4-20 基于大数据及机器学习的作战评估技术总体架构

(二)关键技术

1.复杂性评估指标体系智能构建

构建合适的指标体系是评估的基础。传统评估技术方法中,需在仿真前预先设计完整的评估指标体系。对抗过程的复杂性导致评估指标体系设计难度大、实用性较差。在面向复杂性的评估指标体系智能构建方式下,将指标体系构建转换为仿真前构建评估问题、确立评估指导原则和战场要素要求,通过在仿真过程中引入摄动条件,进行大样本对抗仿真,抽取仿真大数据,从大数据分析中寻找对战场对抗走向起到关键作用的特征指标,与传统纯人工构建的指标体系共同进行分析,实现人机结合、面向问题的智能化评估指标体系构建。指标体系智能构建过程如图4-21所示。

面向复杂性评估指标体系智能构建技术,利用复杂网络的相关性能指标及计算方法,从作战网络评估和特定目标场景下的体系作战能力分析两个方面对体系效能进行评估,对武器装备体系结构设计进行优化,以满足未来作战需求。

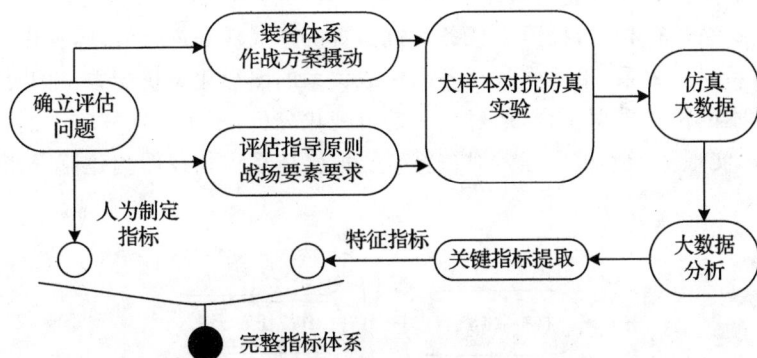

图4-21　面向复杂性评估指标体系智能构建方法

2.基于时序的作战任务网络分析

传统评估技术方法仅仅统计分析各类作战效果信息,丢失了大量的时序逻辑。基于时序的作战任务网络分析方法保留了体系交战过程中的任务时序信息,利用大数据关联分析能力可建立不同任务间及任务内部不同阶段的关联关系,形成完整的任务依赖关系和支撑关系网络,将静态的装备体系结构拓扑转换为动态的任务支撑关系,凸显装备体系结构对任务能力生成的重要影响。基于时序的数据关联分析评估技术方法如图 4－22 所示。

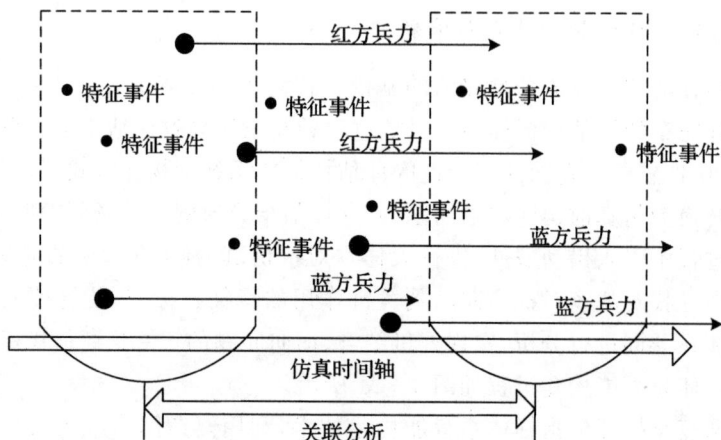

图 4－22　基于时序的数据关联分析评估技术方法

3.基于大数据的体系评估视图构建

　　从仿真大数据恢复对抗中找出可能出现的体系协同与对抗关系,并将各类对抗关系进行整合,按照多任务对抗仿真的作战任务进行展现,提供对抗过程中体系对抗关系、单项作战任务内作战关系的图形化分析能力。同时,支持不同样本的仿真数据整合,通过统一的可视化分析,实现不同样本下的统计特征提取,实现基于人机交互的对抗特征提取。体系评估视图构建流程如图 4－23 所示。

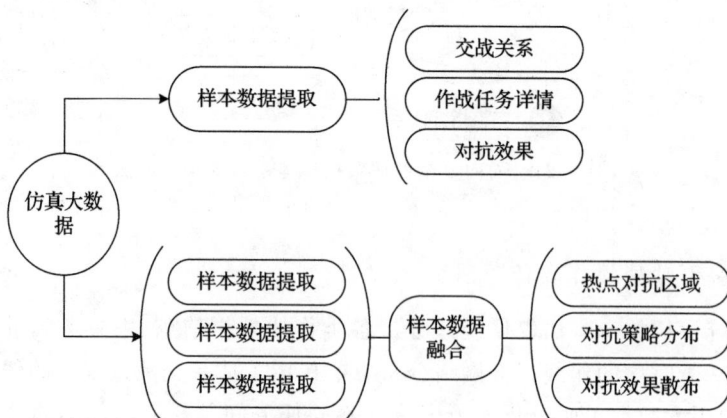

图 4－23　体系评估视图构建流程

传统评估指标构建与评估方式重点关注对抗最终效果的分析。基于大数据及机器学习的评估技术方法提供了在对抗模式下进行关联关系分析的新可能。基于大数据和机器学习的评估技术方法在传统指标评估的基础上,利用时序任务数据、态势数据及对抗过程数据,收集除传统作战效果统计之外的对抗过程信息,实现对态势演化过程、任务依赖关系的动态把握。态势演化过程中,通过基于径向基的深度神经网络实现对态势数据的动态挖掘,提取典型对抗模式信息,将传统的连续对抗过程提炼为不同对抗模式间的转换,实现对对抗过程的定量把握,验证装备体系改变对对抗模式产生的影响。

三、适用范围

将基于大数据及深度学习的评估技术方法应用到装备作战试验评估中,通过构建作战体系、交战任务、装备性能、指控链路、作战能力等不同层次和维度的评估视图,可实现体系仿真过程中的数据分析、对抗效果的评定与对抗过程中重点对抗指标的定位。在评估分析中,通过大数据分析与机器学习技术挖掘评估指标体系中的关联关系与时序对抗逻辑,能够实现基于指标及关联关系的复杂体系评估。在评估分析的基础上,可实现特定场景下装备体系贡献率评估分析和作战效能评估,大大提高作战试验评估的科学性。

第十三节　基于矢量分析的评估技术方法

矢量分析法,就是运用数学矢量理论,将装备实战化能力进行矢量化描述,并逐级聚合进行解算分析的方法。基于矢量分析的评估技术方法是一种综合性的评估技术方法。评估结果不是简单的"行"或"不行",而是在什么条件下"行",在什么条件下"不行"。相关评估结论可为摸清装备能力底数、提出改进意见建议提供借鉴参考。

一、基本概念

物理量一般有两大基本类型:标量和矢量。标量是一种在选定测量单位后,仅需用数字表示大小的量,如时间、长度、质量等,其运算遵循代数法则。与标量相对的是矢量。矢量也叫向量,是在选定测量单位后,除用数字表示其大小之外,还需要一定的方向才能说明其性质,如力、速度、磁感应强度等物理量。矢量的合成遵循平行四边形法则。

根据装备实战化能力的多维度、多指向性的特点,从数学上可以用矢量来描述其相关属性。装备实战化能力的矢量特征主要表现在以下三个方面:

(1)在作战行动(观察、调整、决策、行动)环中,不同的作战环,每一种装备都会有不同的能力表现。

(2)围绕不同的作战任务剖面,每一种装备的能力贡献也不一样。

(3)装备实战化能力与不同的作战对象负相关。对手力量强,装备能力的表现就相对较弱。

根据装备的三个矢量特征,从矢量装备实战化能力评估的视角研究装备的特点与评估问题,装备在体系中的能力矢量和 A_j 可表述为

$$A_j = \sum_i^M a_i$$

式中:A_j——装备能力的矢量和,用于评估装备在体系中的能力情况;

a_i——装备在"一能三性"指标体系中第 i 个能力指标的矢量;

M——装备能力指标的矢量分解项。

现有的装备实战化能力评估,大多采用专家评估法、解析法、作战模拟法和试验统计法等。这些方法主要是对以千分制为代表的标量进行比较,只能在形式上实现从定性评估向定量评估的转变,但也普遍存在下面两个根本问题:

(1)把装备能力评估问题简化为千分制或百分制,无差别为仅需用数字表示大小的量,没有区分评估对象的条件、环境、对手等具体情况,没有显示战场行动动态,特别是对抗程度等因素。

(2)没有考虑各个环节、各个要素对作战体系的贡献率,没有分析作战行动结果对各个环节、各个要素的决定作用。

相比传统的标量比较评估,基于矢量分析的评估技术方法以"矢量"描述和解算装备实战化能力,为创新检验评估技术方法提供了新的科学思路。基于矢量分析的评估技术方法具有如下特点:

(1)基于矢量分析的评估技术方法的评估过程是一个全过程闭环评估分析,论证过程更严谨、科学。通过解构行动,针对具体的任务、具体的对手和具体的作战行动分析,提出具体的评估要点和带有条件的评估指标体系,明确数据采集需求,采集带有数据标识的数据,将该数据代入评估模型,开展矢量运

算,可得出一个带有条件的评估结论。

(2)基于矢量分析的评估技术方法不仅能评估出行动结论,而且能分析得出这些结论的原因、内在机理和解决办法。通过解构行动,分析得出这些评估指标、评估数据、评估结论的边界条件,开展全过程闭环分析,可充分挖掘出这些评估结论产生的原因和内在机理,并可找出提高装备实战化能力的关键要素、关键指标,提出解决问题的思路和办法。

(3)基于矢量分析的评估技术方法不仅评估自己,而且能够对不同对手的对抗情况进行能力评估,根据不同对手解构行动,确定评估指标和标识数据,评估出不同对手的装备实战化能力。

(4)采取基于矢量分析的评估技术方法,以问题为导向,以能力为标准,以评估要点及其矢量指标为逻辑起点,以标识数据采集为手段,以矢量运算为核心,以具体的活动为支撑,能够评估和发现能力生成规律和指导规律,摸清行动能力底数、短板弱项,并应用评估结论改进作战行动。

(5)采用基于矢量分析的评估技术方法,行动的最终结果具有决定性作用。它可以反过来要求对行动解构、指标设计、数据采集、数据权重系数提出更客观、更合理的要求,从而提升评估水平。

(6)基于矢量分析的评估技术方法可以充分利用已有研究成果,解决由低到高逐级聚合的评估问题。基于矢量分析的评估技术方法可利用现有的训练和作战数据,分析其发生的边界条件,分析每种手段的边界条件,进行数据融合处理,进一步提升评估结论的可信度。

二、方法和步骤

基于矢量分析的评估技术方法是在解构具体的作战任务、具体的对手和具体的作战行动分析的基础上,在真实的环境、对抗条件和使用现有部队情况下,分解评估指标,合理运用评估标准和评估实施细则,采集并标定有约束条件的数据,计算得出有使用条件的评估结论。基于矢量分析的评估技术方法的详细步骤如下。

步骤1:解构装备装备实战化能力,将装备实战化能力用"一能三性"指标来表达,所谓"一能三性",即作战效能、作战适应性、体系适应性和其他适应性。用基于矢量分析的评估技术方法表述为矢量和,如图4-24所示。

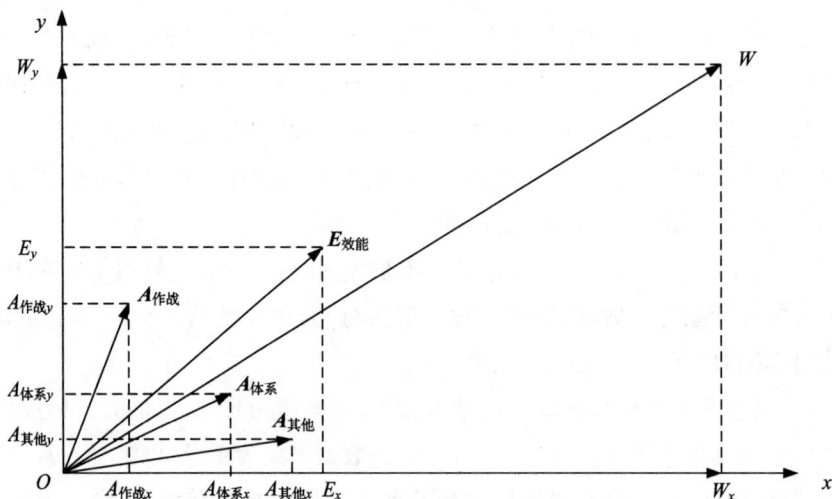

图 4-24　解构装备装备实战化能力

图 4-24 中

$$W = E_{效能} + A_{作战} + A_{体系} + A_{其他}$$

式中：W——装备实战化能力的矢量；

$E_{效能}$——作战效能的矢量；

$A_{作战}$——作战适应性的矢量；

$A_{体系}$——体系适应性的矢量；

$A_{其他}$——其他适应性的矢量。

步骤 2：用基于矢量分析的评估方法分别解构作战效能 E、作战适应性 $A_{作战}$、体系适应性 $A_{体系}$、其他适应性 $A_{其他}$ 与具体的作战任务、作战对手和作战行动的关联关系。这三个维度可以根据作战试验目的增减。比如，某特种作战装备，明确不需要考虑作战任务的，可以去掉作战任务维度。

作战效能解构：

$$E_{效能} = \sqrt{E_{任务}^2 + E^2} = \sqrt{E_{任务}^2 + E_{对手}^2 + E_{行动}^2}$$

式中：$E_{任务}$——在作战任务维度下作战效能的指标值；

E——中间变量，$E^2 = E_{对手}^2 + E_{行动}^2$；

$E_{对手}$——在作战对手维度下作战效能的指标值；

$E_{行动}$——在作战行动维度下作战效能的指标值。

作战效能解构如图 4-25 所示。

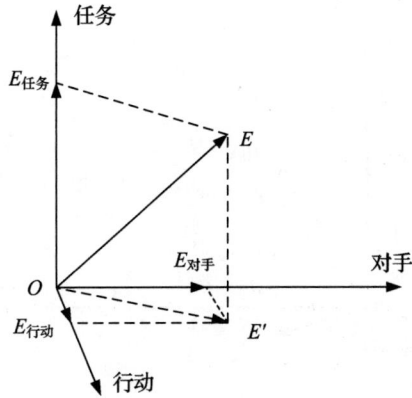

图 4-25 作战效能解构

作战适应性指标解构：

$$A_{作战} = \sqrt{A_{作战任务}{}^2 + A_{作战对手}{}^2 + A_{作战行动}{}^2}$$

式中：$A_{作战任务}$ ——在作战任务维度下作战适应性的指标值；

$A_{作战对手}$ ——在作战对手维度下作战适应性的指标值；

$A_{作战行动}$ ——在作战行动维度下作战适应性的指标值。

作战适用性解构如图 4-26 所示。

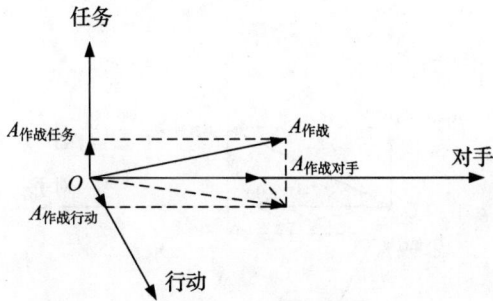

图 4-26 作战适用性解构

体系适应性指标解构：

$$A_{体系} = \sqrt{A_{体系任务}{}^2 + A_{体系对手}{}^2 + A_{体系行动}{}^2}$$

式中：$A_{体系任务}$ ——在作战任务维度下体系适应性的指标值；

$A_{体系对手}$ ——在作战对手维度下体系适应性的指标值；

$A_{体系行动}$ ——在作战行动维度下体系适应性的指标值。

体系适应性解构如图 4-27 所示。

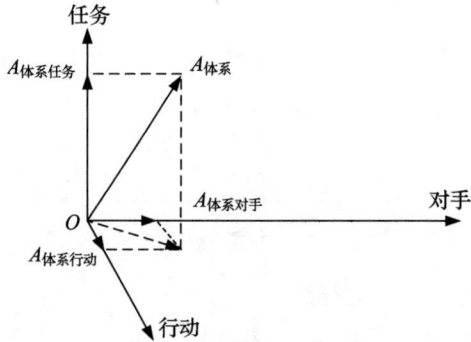

图 4-27 体系适应性解构

其他适应性指标解构：

$$A_{其他} = \sqrt{A_{其他任务}^2 + A_{其他对手}^2 + A_{其他行动}^2}$$

式中：$A_{其他任务}$ ——在作战任务维度下其他适应性的指标值；

$A_{其他对手}$ ——在作战对手维度下其他适应性的指标值；

$A_{其他行动}$ ——在作战行动维度下其他适应性的指标值。

其他适应性解构如图 4-28 所示。

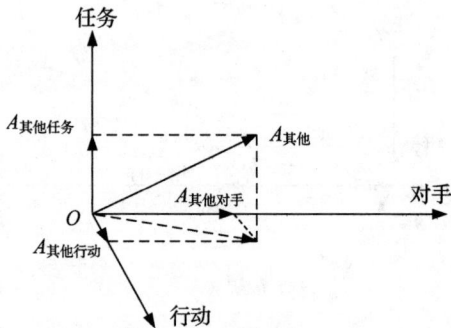

图 4-28 其他适应性解构

$$
\begin{aligned}
W &= E_{效能} + A_{作战} + A_{体系} + A_{其他} \\
&= \big[(E_{任务} + A_{作战任务} + A_{体系任务} + A_{其他任务})^2 + \\
&\quad (E_{对手} + A_{作战对手} + A_{体系对手} + A_{其他对手})^2 + \\
&\quad (E_{行动} + A_{作战行动} + A_{体系行动} + A_{其他行动})^2 \big]^{\frac{1}{2}}
\end{aligned}
$$

步骤3：基于作战任务、作战对手、作战行动分别确定作战效能、作战适应性、体系适应性、其他适应性等在三个维度的指标权重值。各指标权重值的确定可以采用相对比较法、专家咨询法、AHP法等来确定。

三、适用范围

基于矢量分析的评估技术方法主要结合装备能力评估与作战任务的关联性，采用有条件、有边界约束的矢量分析，兼顾过程和结果的影响因素，能够对装备基于作战任务和作战对手的综合实战化能力进行有效的评估。其评估结论不再是一个单纯的结论或数值，而是一个带条件的数据，比单纯没有条件的标量数据更加科学、可信。

第十四节　云模型评估法

为解决评估指标存在模糊性与不确定性的问题，李德毅院士1995年提出了一种处理不确定性问题的双向认知模型——云模型。它可以实现从定性到定量的自然转换，解决了在评估领域存在的不确定性指标难以量化的问题，目前已被广泛应用于装备作战效能、适用性评估，以及风险预测和应急预测等领域。

一、基本概念

云模型通过赋予样本点以随机确定度来统一刻画概念中的随机性、模糊性及其关联性。云模型利用三个数字特征（期望、熵、超熵）来描述一个定性概念，并通过特定的算法形成用数字特征表示的某个定性概念与其定量表示之间的不确定性转换模型，主要反映概念中的模糊性和随机性，并把二者完全集成在一起，构成定性概念（概念内涵）和定量数据（概念外延）相互间的转换，深刻揭示了客观对象具有的模糊性和随机性。这对理解定性概念的内涵和外延有着极其重要的意义。利用云模型，既可以从语言值表达的定性信息中获得定量数据的范围和分布规律，也可以把精确数值有效转换为恰当的定性语言值，即定性概念，从而构成不确定性概念定性与定量的转换。

（一）云模型的定义

定义1　设 U 是一个用数值表示的定量论域，C 是 U 上的定性概念，若定量数值 $x \in U$ 是定性概念 C 的一次随机实现，x 对 C 的确定度 $\mu(x) \in$

$[0,1]$ 是具有稳定倾向的随机数,即

$$\mu:U \to [0,1]$$
$$\forall x \in U, x \to \mu(x)$$

则 x 在论域 U 上的分布称为云,记为 $C(X)$。每一个 x 称为一个云滴。

定义 1 中的论域 U 既可以是一维的,也可以是多维的。云模型具有以下性质:

(1)对于任意一个 $x \in U$,确定度 $\mu(x)$ 是论域 U 到区间 $[0,1]$ 上具有稳定倾向的随机数,而不是一个固定的数值。

(2)云模型产生的云滴之间无次序,一个云滴是定性概念在数量上的一次随机实现,云滴越多,越能反映这个定性概念的整体特征。

(3)云滴的确定度可以理解为云滴能够代表该定性概念的程度。云滴出现的概率越大,云滴的确定度就越大,这与人们的主观理解一致。

云变量 $C(X)$ 不是简单的随机或模糊,而是具有随机确定度的随机变量。云模型从自然语言中的语言值切入,研究定性概念的量化方法,具有直观性和普遍性。定性概念转换成一个个定量值,更形象地说,是转换成论域空间的一个个点。这是一个离散的转换过程,具有随机性。每一个特定点的出现是一随机事件,可以用其概率分布函数描述。云滴能够代表该概念的确定度具有模糊集合中隶属度的含义,同时确定度自身是一个随机变量,可以用其概率分布函数描述。

云模型作为定性概念与其定量表示之间的不确定性转换模型,主要反映客观世界中事物或人类知识中概念的两种不确定性——模糊性和随机性,并把二者完全集成在一起,构成定性概念(概念内涵)和定量数据(概念外延)相互间的映射,研究自然语言中最基本语言值所蕴含的不确定性普遍规律,使得既有可能从语言值表达的定性信息中获得定量数据的范围和分布规律,也有可能把精确数值有效转换为恰当的定性语言值。

根据该定义,论域中的值代表某个定性概念的确定度不是恒定不变的,而是始终在细微变化着的。但是,这种变化并不影响云的整体特征,对云来说,重点在研究云的整体形状反映出的不确定概念的特性,以及云滴大量出现时确定度值呈现的规律性。

(二)云模型的数字特征

云模型用期望 E_x、熵 E_n 和超熵 H_e 三个数字特征来整体表征一个概念。将概念的整体特性用三个数字特征来反映,是定性概念的整体定量特性,对理

解定性概念的内涵和外延有着极其重要的意义。通过这三个数字特征,可以设计不同的算法来生成云滴及确定度,得到不同的云模型,从而构造出不同的云。如图 4-29 所示为云图特征,其中,横轴表示定性概念的范围,纵轴表示隶属度。

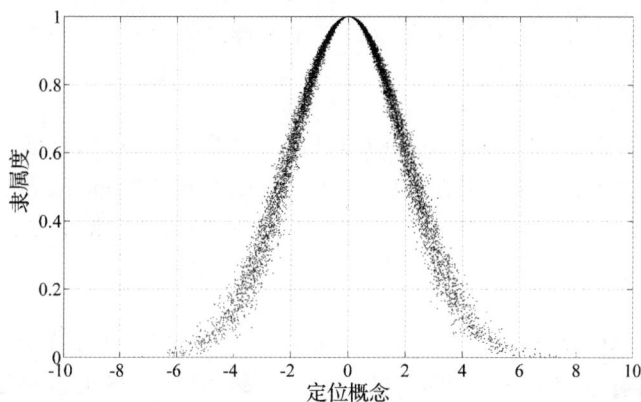

图 4-29 云模型

1.期望 E_x

云滴在论域空间中分布的期望,是最能够代表定性概念的点,或者说是这个概念量化的最典型样本。距离期望 E_x 越近,云滴越集中,反映人们对概念的认知越统一;距离期望 E_x 越远,云滴越离散、稀疏,反映出人们对概念的认知越不稳定、不统一。

2.熵 E_n

熵 E_n 是定性概念的不确定性的度量,由概念的随机性和模糊性共同决定。一方面,E_n 是定性概念随机性的度量,反映了能够代表这个定性概念的云滴的离散程度;另一方面,E_n 又是定性概念亦此亦彼性的度量,反映了在论域空间可被概念接受的云滴的取值范围。用同一个数字特征来反映定性概念的随机性和模糊性,必然反映了它们之间的关联性。

3.超熵 H_e

超熵 H_e 是熵的不确定性度量,即熵的熵,由熵的随机性和模糊性共同决定。

从一般意义上讲,概念的不确定性可以用多个数字特征表示。可以认为,概率理论中的期望、方差和高阶矩是反映随机性的多个数字特征,但没有触及模糊性;隶属度是模糊性的精确度量方法,但是没有考虑随机性;粗糙集是用基于精确知识背景下的两个精确集合来度量边界域的模糊性,却忽略了数据样本的随机性。在云模型理论中,除期望、熵、超熵这三个数字特征之外,理论上还可以用更高阶的熵去刻画概念的不确定性。

(三)云发生器

云发生器(Cloud Generator,CG)是用于产生云的算法,可实现定性概念和定量数据之间的转换,它有正向云(Forward Cloud Transformation,FCT)和逆向云(Backward Cloud Transformation,BCT)两种云发生器。

1.正向云

正向云发生器算法的执行是一种前向、直接的过程,由正态云的数字特征期望、熵、超熵,即 $CG \sim N^3(E_x, E_n, H_e)$ 产生满足上述正态云分布规律的二维点 $\text{Drop}(x_i, \mu_i)$,称为云滴。图 4-30 为正向云发生器。正向云通过输入三个数字特征形成合乎条件的云滴,云发生器生成的若干云滴构成整个云,从而将一个定性概念通过不确定性转换成云模型定量地表示出来。

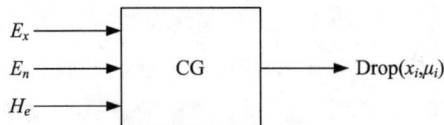

图 4-30 正向云发生器

对正态云模型而言,二阶正向云发生器算法 $CG(E_x, E_n, H_e, n)$ 可表述如下。

输入:数字特征 E_x、E_n、H_e 生成云滴的个数 n。

输出:n 个云滴 x_i 及其确定度 $\mu(x_i)(i=1,2,\cdots,n)$。

计算步骤如下:

(1)生成以 E_n 为期望、H_e^2 为方差的一个正态随机数:

$$y_i = R_N(E_n, H_e)$$

(2)生成以 E_x 为期望、y_i^2 为方差的一个正态随机数:

$$x_i = R_N(E_x, y_i)$$

(3)计算 $\mu(x_i)$:

$$\mu(x_i) = \exp\left[-\frac{(x_i - E_x)^2}{2y_i^2}\right]$$

(4)具有确定度 $\mu(x_i)$ 的 x_i 成为数域中的一个云滴。

(5)重复步骤(1)～(4),直至产生要求的 n 个云滴为止。

该算法既适用于论域空间为一维的情况,也适用于论域空间为二维或高维的情况。算法中两次用到正态随机数的生成,一次正态随机数是另一次正态随机数的基础,这是本算法的关键。如果 $H_e = 0$,算法步骤(1)总是生成一个确定的 E_n,那么 x 就成为一个正态分布。如果 $E_n = 0$, $H_e = 0$,那么算法生成的 x 就成为一个精确值 E_x,且确定度恒等于1。

在数域空间中,二阶正态云模型既不是一个确定的概率密度函数,也不是一条明晰的隶属函数曲线,而是由两次串接的正态发生器生成的许多云滴组成的。一对多的泛正态数学映射图像,是一幅可以伸缩、无确定边沿的云图,完成定性和定量之间的相互转换。

2.逆向云

逆向云发生器算法的执行是正向云发生器的逆过程,通过输入符合某一分布的云滴产生云模型的三个数字特征,主要用于综合云的生成。图 4-31 为逆向云发生器。

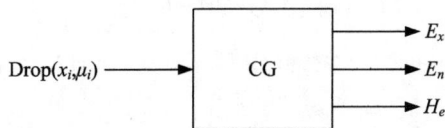

图 4-31 逆向云发生器

逆向云发生器算法是根据一定数量的数据样本,将其表示为用数字特征表示的定性概念,是实现从定性概念的外延到内涵转换的过程。现有的逆向云发生器算法可分为基于确定度的逆向云发生器算法和无确定度的逆向云发生器算法。基于确定度的逆向云发生器算法在形成定性概念时,由于实际问题中带有确定度的样本很难获得,因此,该算法受到一定的局限性。现有的无确定度的逆向云发生器算法通常是从给定的数据样本中利用样本各阶矩阵对定性概念的数字特征进行直接估计,这会导致有时得不到定性概念的数字特征的熵 E_n 和超熵 H_e 的估计值,或对定性概念数字特征的估计误差较大(即在转换过程中发生了"概念漂移")。

二、方法和步骤

以装备作战适用性评估为例，基于云模型的装备作战适用性评估技术方法的基本思路如下：先根据已建立的评估指标集于指标标准集，采用组合赋权法确定评价指标的综合权重；然后引入云模型，确定云模型的特征值；在此基础上，建立基于云模型的隶属度矩阵，计算评价指标标准集口上的模糊子集，最后确定装备的作战适用性评价等级，如图 4-32 所示。

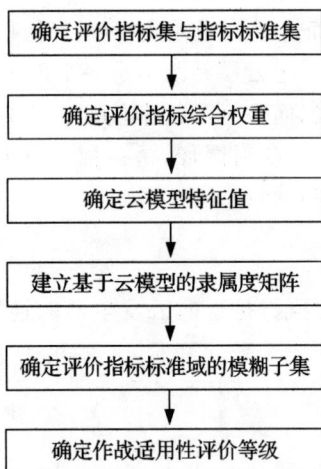

确定评价指标集与指标标准集

确定评价指标综合权重

确定云模型特征值

建立基于云模型的隶属度矩阵

确定评价指标标准域的模糊子集

确定作战适用性评价等级

图 4-32　基于云模型的装备作战适用性评估流程

1.确定评价指标集与指标标准集

针对装备作战适用性指标体系的层次结构模型各指标的特性，确定评价指标集 $A = \{a_1, a_2, \cdots, a_\beta\}$ ，确定评价指标标准集 $Q = \{q_1, q_2, \cdots, q_\beta\}$ 。

2.确定评价指标综合权重

确定评价指标综合权重 $W = \{w_1, w_2, \cdots, w_a\}$ ，既可采用层次分析法等主观赋权法确定权重，也可采用熵权法等客观赋权法确定权重，还可采用组合赋权法确定综合权重。综合而言，组合赋权法应用范围更加广泛，其基本思想是融合主、客观赋权法，基于均衡的思想在所建立的不同的权重之间，使得所得的综合权重跟各个基本权重之间的偏差极小化，从而获得更加科学的结果。

3.确定云模型特征值

引入云模型,确定云模型的特征值 $(E_{xij}, E_{nij}, H_{eij})$。假设 (x_{ij}^1, x_{ij}^2) 是某一评价指标 $a_i(i=1,2,\cdots,\beta)$ 对应的评价等级 $q_j(j=1,2,\cdots,\beta)$ 的范围,则有

$$\begin{cases} E_{xij} = (x_{ij}^1 + x_{ij}^2)/2 \\ E_{nij} = (x_{ij}^1 - x_{ij}^2)/6 \\ H_{eij} = k \end{cases}$$

式中,k 为常数,可根据本身的模糊阈度来调整。

4.建立基于云模型的隶属度矩阵

根据特征值,由云模型正向发生器计算各评价指标在相应评价等级下的隶属度,构建隶属度矩阵 $\boldsymbol{T} = (t_{ij})_{\beta\times\gamma}$,重复计算 N 次以提高结果的可信度。

$$t_{ij} = \sum_{k=1}^{N} \frac{t_{ij}^k}{N}$$

5.确定评价指标标准域的模糊子集

计算评价指标标准集 Q 上的模糊子集 F:

$$\boldsymbol{F} = \boldsymbol{W} \cdot \boldsymbol{T} = (f_1, f_2, \cdots, f_\gamma)$$

6.确定作战适用性评价等级

求出评价云与每个标准云之间的相似度,相似度最高时所对应的标准云评价值即为该评价云的最终评价值。

三、适用范围

开展装备作战试验评估面临大量的随机性和模糊性问题。对多数定性指标而言,指标的定义本质上都具有一定的模糊性,不是完全精确的。例如,体系保障适应性、需求满足度,以及装备与任务适用性等装备适用性评估指标。对部分定量指标而言,其评估值的确立也会受到评估者主观因素的影响,具有一定程度的模糊性。其评价指标同样具有一定的随机性。

云模型评估法能有效解决装备作战试验评估中的模糊性和随机性的问题,特别适用于装备的适用性评估。通过采用定性与定量不确定转换云模型,能够在定性和定量相结合的基础上,充分融合各类语言描述中定性概念的随机性和模糊性,实现定性语言描述和定量数值之间的转换,为得出评估结论提

供基础支撑。

第十五节 基于对抗仿真的体系贡献率评估技术方法

装备体系贡献率评估是装备作战试验评估中体系适用性评估的重要内容之一。基于对抗仿真的体系贡献率评估技术方法描述装备体系作战运用过程和相关要素,是和平时期在动态条件下评估装备体系贡献率的有效途径之一。

一、基本概念

体系贡献率是装备对上层作战体系或装备体系所起的价值和作用的度量和标尺。体系贡献率可用装备支撑体系完成特定作战任务的程度来度量。需要明确的是,体系贡献率中的体系的内涵主要是武器装备作战体系,即由编配体系内各类武器装备为完成特定作战任务所构成的在功能上互相联系、相互制约,在作用上互为补充的有机整体。

武器装备作战体系不是孤立存在和恒定不变的,是针对不同的作战目标、作战对手、作战环境形成的相应力量编成、部署。因此,装备体系贡献率具有相对性、层次性和传递性的特点。

1.相对性

体系贡献率不是一个绝对值,相对于不同的作战条件和作战对象,某种装备的作战体系贡献率可能不一样。

2.层次性

装备作战体系贡献率可能体现在若干个方面,对某个方面的贡献又可能体现在多个层次上,从而使得体系贡献率要素呈现一种树状层次结构。

3.传递性

装备本身的作战效果往往会对作战体系中其他装备的作战效果产生间接影响,从而影响到整个体系的作战效果。

装备体系贡献率的变化既可以通过改变该装备的性能或数量,计算体系作战效能的变化来度量该装备对体系贡献率的变化,也可以横向比较同类型的各种装备对体系贡献率的大小。以主战装备体系数贡献率分析为例,可通过火力效能(即毁敌装备数量)与生存力效能(如战损比)的综合横向对比同类型各种主战装备对体系贡献率的大小。对保障装备而言,可通过相应的保障力效能(如装备抢修成功率)来横向对比同类的各种保障装备对体系贡献率的大小。对信息装备而言,除从自身信息力效能方面考虑之外,有时还需与火力效能、生存力效能进行综合考虑,通过因果追溯分析,查找信息力对火力和生存力的支撑关系,从而确定信息装备体系贡献率。例如,预警雷达可以通过空情预警时间来衡量其对体系空情预警能力的贡献大小,同时也应与火力拦截(防空战果)效能综合考虑,体现其"及早发现,尽早拦截"的作用。

基于对抗仿真的体系贡献率评估技术方法主要通过构建包含对抗各方武器装备模型的虚拟战场环境,模拟作战力量的信息、火力、机动、防护、保障等功能,实现不同武器装备、不同作战样式、不同作战条件下的全过程、全体系、全要素仿真,从而得到各类武器装备的作战运用过程和结果数据,评估得出装备体系贡献率。

二、方法和步骤

基于对抗仿真的体系贡献率评估技术方法的运用步骤如图 4-33 所示。

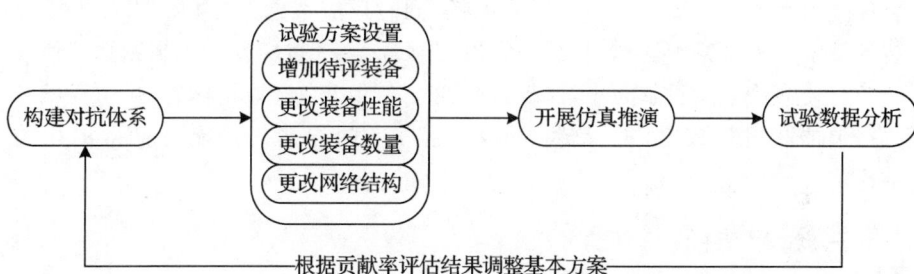

图 4-33　基于对抗仿真的体系贡献率评估流程

1.构建对抗体系

对抗体系是指为进行武器装备体系研究而构建的基础试验环境,包括试验所需的对抗背景、对抗仿真环境以及对抗模型体系。按照对抗双方的武器装备和兵力部署现状或未来发展设想,研究能够反映作战特点和规律的想定背景,搭建不包含待评估装备的作战背景体系,即构建仿真想定基本方案和仿真环境。

2.试验方案设置

基于作战背景体系形成的基本方案,将待评估装备置于背景体系的基本想定中,并根据评估内容对待评估装备的数量、性能,以及作战使用时机、组织(网络)结构关系进行设置,生成多个仿真方案。针对装备体系贡献率评估的目的,剖析方案设置的边界,围绕待评估装备设置试验方案,尽量减少其他因素对评估的干扰。

3.开展仿真推演

利用体系对抗仿真推演系统进行蒙特卡洛仿真,对试验中相关的数据进行采集。为了消除随机性的影响,通常需要进行大样本的仿真运行和数据统计,完成相关分析工作。

4.数据分析

对仿真数据进行分析计算时,应该先选取评估指标。体系贡献率反映的是单项装备对体系整体效能的影响。因此,指标的选取需要反映出整体效能,通常采用体系使命任务的效能指标进行刻画,主要包括战果、战损、战损交换比、作战时间、任务完成率等。这些指标反映了侦察、通信、指挥、火力、保障等装备能力因素在作战体系中的影响关系,同时还应考虑选择相关指标来描述装备系统在子体系中的作用大小,如以侦察覆盖率、目标发现率来刻画某侦察装备对侦察体系的贡献大小,体现贡献的层次性。在选取指标后,从仿真试验数据中抽取相关数据,进行转换映射,通过不同方案的效能计算得出相关结论。

三、适用范围

基于对抗仿真的手段,将装备放入整个作战体系中,用对抗仿真方法描述装备在整个体系中的作战运用过程和效能表现,是评估装备体系贡献率的重要方法,也是和平时期在动态条件下研究战争复杂性问题的有效途径。

第十六节　基于智能体(Agent)的建模与仿真的评估技术方法

基于智能体(Agent)的建模与仿真(Agent – Based Modeling and Simulation, ABMS)的评估技术方法是研究复杂系统的常用方法,对开展装备作战试验评估具有较强的参考意义。

一、基本概念

Agent 的概念源自于分布式人工智能,在分布计算领域,人们通常把在分布式系统中持续自主发挥作用,具有自主性、交互性、反应性、主动性等特征的活着的计算实体称为 Agent。Agent 在不同领域有不同的定义,其中文名词有"智能体""主体""代理""节点"等,常常用于软件工程和不同领域的复杂系统建模。最简单的 Agent 可以看成是计算机的一个进程或线程,作战仿真中具有较为复杂决策行为的计算机生成兵力是人工智能中智能体的特征。

随着研究复杂系统热潮的兴起,基于智能体(Agent)的建模与仿真成为了当下最有活力及有所突破的建模与仿真方法学,并逐渐成为了体系建模与仿真最通用的方法。ABMS 是研究大量实体之间的交互,以及实体间交互所展现的宏观尺度行为的一种方法。ABMS 的理论核心是"复杂自适应系统的整体性能和规律由组成系统的个体自主行动共同决定",采用"自底向上"的建模方法,即不建立显式的系统级模型,而是建立所有 Agent 的个体模型,通过Agent 个体及个体间的相互作用推动仿真,涌现出系统层面的特性和规律。Agent 模型特有的自制性、交互性等特点可以很好地模拟体系组成。一方面,节点独立运行,并且具有一定的自主决策能力。这与作战体系之间的体系化协同和信息交互关系非常类似,能够较好地刻画出现代作战的模型。另一方面,Agent 的适应性有利于模拟体系及其组成的演化特性。ABMS 可以通过对底层实体模型的简单行为进行建模,从底层向高层描摹体系复杂、无法预测的涌现行为。通过对体系中的基本元素及其之间的交互进行建模与仿真,可以将体系中的个体行为和宏观的涌现现象有机结合起来,是一种自顶向下分解、自底向上综合的有效建模方式。

国外体系效能仿真评估系统多采用 ABMS 的手段。美国海军陆战队阿尔弗雷德·布兰斯丁教授提出了数据耕耘技术,是在基于智能体(Agent)的建模与仿真的评估技术方法的基础上提出的一种完整的仿真试验与分析方法。其关键技术在于:一是基于智能体(Agent)建模;二是依赖计算机的高性能运算能力。这项技术是作战仿真领域跨时代的一个全新方法,能够基于智能体(Agent)的仿真推演来挖掘战场中的未知信息和没有预料到的选项。美国海军牵头研发的阿尔伯特工程项目(Project Albert),目标是以基于问题导向在不确定性战场环境下发掘并提出解决方案。在该计划的支持下,催生了美国海军陆战队作战发展司令部研发的基于智能体(Agent)的建模与仿真的EINSTEIN 系统、新西兰防务技术局研制的 MANA 系统等基于智能体

（Agent）的作战仿真系统。

二、方法和步骤

ABMS 主要包括 ABMS 的体系效能仿真开发和体系效能仿真评估两个阶段。

（一）ABMS 的体系效能仿真开发

基于 ABMS 的体系效能仿真开发过程主要包括作战概念模型分析、体系对抗模型框架设计和仿真模型框架开发三个阶段，如图 4 - 34 所示。

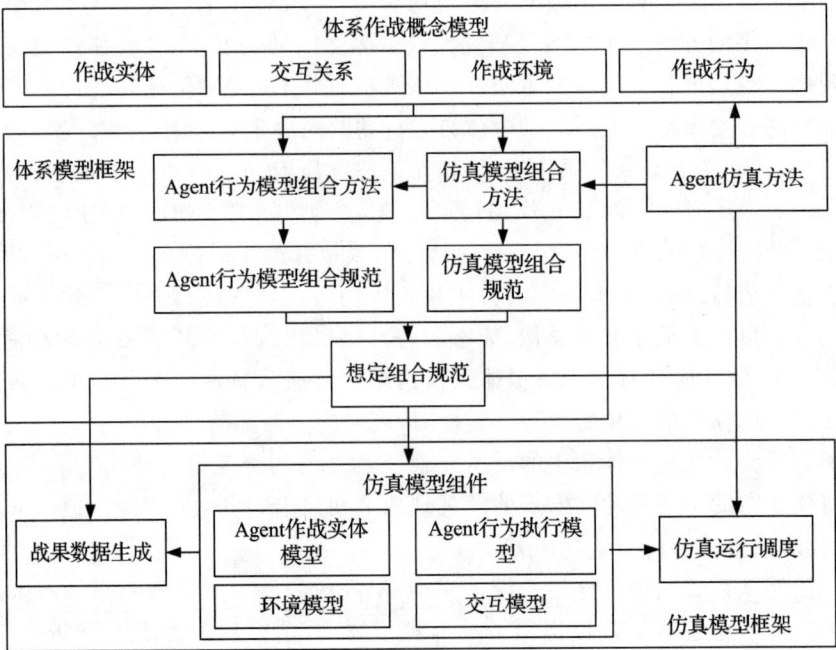

图 4 - 34　体系效能仿真开发过程

1.作战概念模型分析

需明确典型作战想定、武器装备体系使命任务、装备编成和参战兵力等相关核心要素，并对体系中的作战实体、交互关系、作战环境、作战行为等进行抽象描述，保证建立的体系作战概念模型在物理域、信息域、认知域、组织域抽象的一般性，指导体系模型框架和仿真模型框架的开发。

构建 ABMS 的体系效能仿真开发作战概念模型,可以采用面向实体的建模方法,从分析作战过程入手,依次抽取双方的参战实体,确定实体的属性、行动,确定作战实体的交互关系。其中,交互关系包括物理交互——对物理作用的量化描述,信息交互——对指挥命令、武器控制指令和反馈信息的量化描述,认知交互——对战场态势信息、实体状态信息的量化描述等。

2.体系模型框架设计

体系模型框架主要根据体系作战概念模型中涉及的实体、关系、行为和环境要素,设计可组合的体系模型规范。其中主要包括体系仿真模型组合方法、行为模型组合方法、仿真模型组合规范、行为模型组合规范开发、想定组合规范研究,指导用户在体系效能仿真应用开发时如何根据仿真模型组件组合形成体系效能仿真应用。

体系仿真模型组合方法研究如何合理地抽象体系作战概念模型中的实体、对象、环境和交互关系。其中包括哪些实体可以作为 Agent 模型,哪些实体作为 Agent 模型中可以包含的组件,Agent 模型的类型和组成结构如何,Agent 之间是否有组合关系,以及 Agent 之间的交互关系如何定义等。通过研究基于智能体(Agent)的体系仿真模型组合方法,可以确定将来仿真应用开发时分析人员如何利用已有的 Agent 模型组件组合面向体系分析的 Agent 仿真应用,形成相应的 Agent 仿真模型的元模型,进而用户可以根据元模型组合规范形成不同的体系效能仿真分析系统。

3.仿真模型框架开发

根据想定组合规范需要开发支持体系仿真应用模型计算的仿真模型框架,驱动体系仿真应用进行模拟计算,产生体系对抗仿真的作战结果数据。体系仿真模型框架需要研究和开发与想定组合规范一致的仿真运行调度组件,相应的 Agent 作战实体模型、Agent 实体行为执行模型、环境计算模型、Agent 实体交互计算模型、战果数据生成组件等。

(二)ABMS 的体系效能仿真评估

ABMS 的体系效能仿真评估是在体系效能仿真开发过程基础上的体系应用开发过程,其中主要包括体系问题分析和试验准备阶段、体系效能仿真应用模型开发阶段和仿真试验与效能评估三个阶段。

1.体系问题分析和试验准备

体系分析人员在进行体系效能仿真分析前,需要根据体系研究的问题进行威胁环境定义和作战概念开发,以设计形成典型的作战背景和需要研究的体系方案。这些体系方案可以通过体系结构定义明确所包含的作战实体、装备种类、数量规模等,作战背景则明确用于评估体系方案是否满足作战需求的作战想定。一般在通过定量方法进行体系方案评估时,需要针对体系中装备和作战实体进行数量和配比关系上的调整,观察不同装备数量和结构关系在作战想定中表现的作战效果,以说明不同装备体系响应威胁和满足作战需求的能力。

针对不同体系方案和想定的仿真试验需要,通过试验设计进行统一规划。通过试验设计可以明确需要对哪些装备体系结构方案和作战想定进行仿真试验,每次试验过程中需要调整哪些装备种类和装备数量,在仿真运行过程中需要采集哪些战果数据等。通过试验设计的支持,可以进一步指导体系仿真应用模型的开发和最终的体系仿真试验。

2.体系效能仿真应用模型开发

在试验设计和作战想定明确后,可以在体系模型框架的支持下开发符合想定组合规范的体系效能仿真应用模型。其中主要包括环境定义、作战实体Agent 定义、交互数据定义、Agent 行为模型定义、模型测试五个阶段。这里采用"定义"一词主要是说明分析人员开发应用模型的易用性和可组合性,可以通过开发自动化的想定和模型开发工具采用可视化技术辅助分析人员定义和组合相关的环境对象、Agent 实体模型、行为模型和交互数据,提高体系效能仿真应用模型开发的效率和正确性。

分析人员开发完成模型后需要通过模型测试验证所建立的模型是否符合作战想定和试验设计要求。模型测试可以基于模型运行跟踪和可视化的作战过程显示考察仿真模型的正确性。模型运行跟踪可以发现 Agent 行为模型执行逻辑的正确性;而作战过程显示则可以通过直观的过程快速发现仿真模型中存在的问题。如果模型测试过程中发现模型存在问题,就需要根据作战想定和试验设计调整和修改模型的数据定义、组合关系和作战行为模型。

3.仿真试验与效能评估

仿真试验与效能评估主要包括仿真试验、战果分析,以及体系效能评估与对比分析三个阶段。由于体系仿真采用性能量度(Measure of Performance,MOP)和有效性量度(Measure of Effectiveness,MOE)数据支持模型计算,其中必然涉及大量的蒙特卡罗仿真试验问题。因此,每次体系仿真试验都只是针对某个体系效能仿真应用模型的一次试验,只有进行大量的重复试验后才能产生所需要的战果数据。这些战果数据需要通过统计方法进行计算才能发现某个体系效能仿真应用模型的作战结果统计规律。体系效能评估与对比分析阶段则对针对不同试验设计的体系仿真应用模型产生的作战结果进行对比,可以评估得出不同装备体系在应对威胁时的作战效能。同时,可以进一步支持调整优化装备体系编成。

三、适用范围

基于智能体(Agent)的建模与仿真适用于研究复杂的系统,其各个节点应当能独立运行,具有一定自主决策的能力,且各节点间存在交互,可有效解决体系中实体众多、关系复杂、作战过程中存在对抗等问题,是研究复杂系统、评估体系效能中必不可少的手段。通过对体系效能仿真进行开发、评估,最终得出不同装备体系在应对威胁时的作战效能,以进一步支持调整优化装备体系编成。

第十七节　评估技术方法的组合运用

评估结论的客观性依赖于评估技术方法的选择。多种逻辑上可行的评估技术方法针对同一评估对象可能得到不同的评估结果,各种评估技术方法的提出都有其特殊的背景和意义。总的来看,不存在一种绝对完美的综合评估技术方法。因此,对于开展作战试验,评估技术方法的选取显得尤为重要。在此引入一种组合评估的思想,简单地说就是将单一评估技术方法组合起来,发扬优点,改进不足,从而全面、准确地进行评价。因此,在进行作战试验评估技术方法组合的选取时,通常应把握以下原则。

1.科学性

综合评估技术方法应具有科学性,并受到广泛认可。综合评估技术方法须符合作战试验客观实际,能够用模型表征出作战试验评估的本质和内在规律,选取方法的定义、论点、论据应充分、正确。

2.实用性

选取综合评估技术方法进行综合评估时,一定要确保方法实用、具有可操作性。开展作战试验组合评估既包含几种方法组合起来进行评估,也包含各指标层级用不同的方法进行评估组合,但都要紧贴实用性,能够方便、快捷地解决实际问题。

3.有效性

选取综合评估技术方法时要确保方法有效。一是综合评估技术方法逻辑上要符合评估的目的要求,可以很好地解决评估问题。二是评估结果要符合客观实际,能够有效地反映出装备的实战水平。单一评估技术方法并不能随意组合,因为不同的单一评估技术方法对评估指标体系和被评价对象个数的多少有不同的需求。方法的选取上,适用范围要一致,并且能适应作战试验评估指标体系。三是针对不同的指标层级,选取最为实用的方法进行综合,然后再进行组合。例如,在进行战斗机出动能力评估时,由于再次出动准备时间和出动架次率具有一定的相关性,因此,可以选择网络层次分析法(ANP 法)进行评价。由于可靠性指标定量化居多,因此,可以用 TOPSIS 综合评价法进行很好的评估。若综合能力指标上具有一定的模糊性,则可以选取模糊综合评估法进行评估。总体来说,无论哪种方法的选取都应满足客观实际和使用者的意图,满足科学、实用、有效的原则。

第五章　装备作战试验评估应用案例

装备作战试验评估是一个系统性很强的实践过程。本书已经介绍了装备作战试验评估的相关方法,下面通过案例对装备作战试验评估技术方法的具体应用进行详细阐述。

第一节　第四代战斗机作战效能评估案例

以第四代战斗机作战效能评估为例,运用层次分析法(AHP法)进行效能评估。

一、典型战技性能分析

按世界通用的标准,战斗机的使用和发展划分为四代:喷气机代替螺旋桨飞机的时代为第一代;喷气机由亚声速到超声速的时代为第二代;装备先进的火控系统和良好的气动性能、具备对地攻击能力的时代为第三代;具有超声速巡航能力、超机动能力、隐身能力和超视距导弹攻击能力的时代为第四代。第四代战斗机与第三代战斗机相比,有了很大的改进,主要体现在以下四个方面(以 F-22 战斗机为例分析)。

1.超级隐身性能

F-22 战斗机的正向雷达反射截面仅为 $0.01\ \text{m}^2$,可以做到先敌发现、先敌攻击,大大增强作战的突然性、隐蔽性,提高作战效能。

2.超声速巡航能力

发动机不开加力时,飞机能以 $Ma = 1.58$ 的速度超声速巡航 30 min,可大大提高空中发射导弹的初始速度,把敌机拦截在更远的空域。这在双方迎头相遇的超视距空战中尤为重要。

3.装备先进的电子设备和机载武器,具有高可靠性

F-22 战斗机的电子扫描相控阵火控雷达具有较强的抗干扰能力和抗损伤能力。机载武器数量多、速度快、精度高,具有多目标攻击能力、超视距攻击能力、全向攻击能力和发射后不管能力,作战性能和威力大幅度提高。

4.高机动性和机敏性

F-22 战斗机首次采用推力矢量操纵系统,在爬升率、盘旋角速度、滚转角速度、加速特性、盘旋半径、爬升特性、盘旋角加速度和滚转角加速度等性能上都优于典型第三代战斗机。

二、作战效能评估体系构建

结合第四代战斗机的典型性能特征,选取影响战斗机作战效能评估的六个主要因素,即生存能力、机动性能、态势感知能力、信息支援能力、攻击能力、抗干扰能力,来构建效能评估指标体系,基本能够覆盖四代战斗机作战效能的指标空间,效能评估指标体系结构如图 5-1 所示。

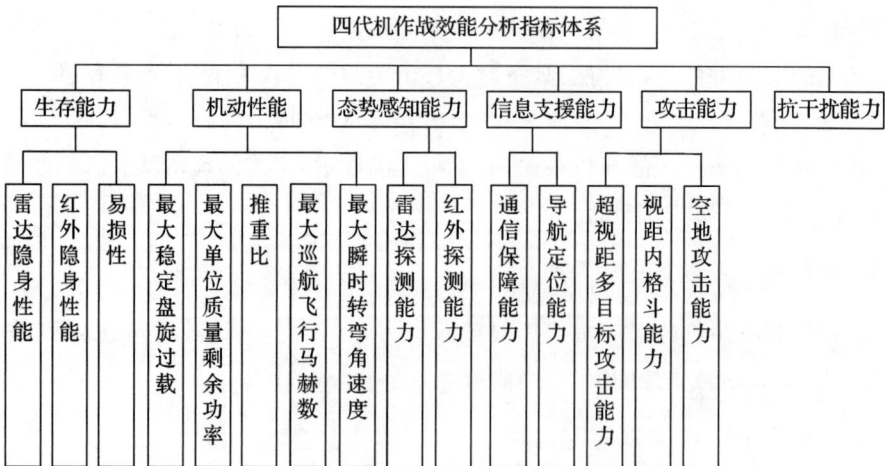

图 5-1 第四代战斗机作战效能评估指标体系

三、建模运算

(一)指标建模

分别对影响战斗机作战效能评估的六个一级指标进行建模运算。

1.生存能力

对第四代战斗机的生存能力存在较大影响的因素主要包括飞机的隐身技术、飞机的外形几何尺寸及易损性。根据已有资料分析,用于第四代战斗机雷达波隐身的技术途径主要包括外形技术、雷达吸波材料技术、电子对抗和等离子体技术等,因此,可以用飞机的雷达散射截面积(RCS)来描述飞机的雷达波隐身性能。红外探测系统主要通过探测目标与其所处背景之间的温差发现和跟踪目标,其中尤以探测、跟踪目标尾喷管的红外辐射为主,可以用飞机的尾喷管温度 T_n 来描述飞机的红外隐身性能。易损性可以用易损面积来度量,对结构元件来说,易损面积 A_{vi} 是元件的现有面积 A_{pi} 与元件在被击中一次情况下发生致命损伤概率 $P_{K/Hi}$ 的积:

$$A_{vi} = A_{pi} P_{K/Hi}$$

综上分析,生存力 S 可以表示为

$$S = \left[W_{s1} \overline{(5/\mathrm{RCS})^{0.25}} + W_{s2} \overline{T_n} \right] \cdot \overline{1/L_w L_{all}} (1 - A_{pi} P_{K/Hi} / A_v)$$

式中: A_{vi} ——飞机表面易损性部件面积;

　　A_v ——飞机表面积,这里用飞机垂直投影面积的 2 倍来进行粗略
　　　　　估算;

　　L_w ——飞机的翼展;

　　L_{all} ——飞机的全长;

W_{s1} 、W_{s2} ——权值。

2.机动性能

以往的空战模式主要是战斗机绕到目标机的后部实施攻击,然而随着二元俯仰轴推力矢量喷口在发动机上的安装和全方位的先进空空导弹、空地导弹的出现,第四代战斗机不开加力时,飞机就能做长时间超声速巡航。这一特性对高速突防、快速通过敌防空区极为有效。考虑到第四代战斗机的加速性

能、超声速巡航能力等,引入最大瞬时转弯角速度等敏捷性参数来描述飞机的机动性能 B,机动性能主要与最大稳定盘旋过载、最大可用加力推力与飞机正常起飞质量所得的推重比、飞机最大巡航飞行马赫数、飞机最大瞬时转弯角速度、最大单位质量剩余功率五项参数有关。

3.态势感知能力

战斗机自身态势感知能力 A_d 通常由机载雷达(A_d^r)和红外搜索跟踪装置(A_d^{IR})两部分组成,标准化后计算模型如下:

$$A_d = W_{d1} \overline{A_d^r} + W_{d2} \overline{A_d^{IR}}$$

式中: W_{d1} 和 W_{d2} 为权值。

雷达探测能力主要与最大发现目标距离、发现目标概率、最大搜索方位角、雷达体制衡量系数、同时跟踪目标数量和同时允许攻击目标数量六项参数有关。红外搜索装置的探测能力也与以上参数有关,区别在于雷达体制衡量系数的取值不同。

4.空间信息支援能力

空间信息支援能力为战斗机提供导航信息、通信保障信息,提高了飞机信息优势,从而提高了飞机的机动性和协同性,并保证指挥部对作战飞机的指挥控制。空间信息支援能力通过引入一个量化指标——空间信息支援能力影响因子 $F(0 \leqslant F \leqslant 1)$ 来描述。

本案例的空间信息主要考虑导航定位信息和通信保障信息。导航定位信息影响因子用 F_1 表示,通信保障信息影响因子用 F_2 表示,则飞行品质因子 F 可以表示为导航定位信息影响因子和通信保障信息影响因子加权求和,依据专家打分和空战原理,权值各取 0.5。

对于飞机用户,导航定位能力主要由目标定位能力、动中通能力等性能指标决定。目标定位能力用目标定位精度 w_d 来衡量,动中通能力用飞机速度极限 s_d 来衡量,目标定位精度、飞机速度极限对导航定位能力的隶属度可以用正态分布函数近似。导航定位信息影响因子 F_1 可以表示

$$F_1 = W_{F1} \cdot R_1(w_d) + W_{F2} \cdot R_2(s_d)$$

式中: W_{F1} 、 W_{F2} ——两个性能指标在导航定位信息影响因子中的权重;

$R_1(w_d)$ ——目标定位精度对目标定位能力的隶属函数；

$R_2(s_d)$ ——用户速度极限对动中通能力的隶属函数。

卫星通信保障能力由通信覆盖能力、通信质量、保密性等性能指标确定。通信覆盖能力可以用通信距离 l_t 来衡量，通信质量可以用误码率 m_t 来衡量，保密性能力应根据实际经验由专家综合评估所得。通信保障能力的影响因子可以表示为

$$F_2 = W_{F3} \cdot R_3(l_t) + W_{F4} \cdot R_4(m_t) + W_{F5} \cdot R_5$$

式中： $R_3(l_t)$ ——通信距离 l_t 对通信覆盖能力的隶属函数；

$R_4(m_t)$ ——误码率 m_t 对通信质量的隶属函数；

R_5 ——保密性通信能力隶属值；

W_{F3} 、W_{F4} 、W_{F5} ——通信覆盖能力、通信质量和保密性对空战中战斗机通信能力的重要性权值。

远距离空战要保证通信距离满足要求，提高通信质量与保密性。

5.攻击能力

第四代战斗机具有超视距攻击能力、全向攻击能力和大机动格斗能力等。这与其强大的武器系统是分不开的。选取空战火力指数 A_f 表示第四代战斗机的空空作战能力，选取对地攻击能力系数 C_g 表示第四代战斗机的对地攻击能力。用空空攻击能力和对地攻击能力描述战斗机的攻击能力，依据专家打分和空战原理，权值各取 0.5。

第四代战斗机上用于空空作战的武器主要是空空导弹和航炮，火力指数的计算要同时包括超视距拦射和视距内格斗能力，而超视距拦射弹又分为主动弹和半主动弹。设中距拦射导弹(半主动中距拦射导弹)和近距格斗导弹的火力系数分别为 A_m 和 A_c，航炮的火力系数为 A_{gun}，权值分别为 W_{f1} 、W_{f2} 、W_{f3}，依次对各类导弹和火炮评价值进行标准化然后加权求和，得总火力参数为

$$A_f = W_{f1} g \overline{A_m} + W_{f2} g \overline{A_c} + W_{f3} \overline{A_{gun}}$$

机载中距空空导弹的拦射火力主要与导弹的最大实际有效射程、允许发射总高度差、发射包线总攻击角、导弹最大过载、导弹最大跟踪角速度、总离轴发射角、单发杀伤概率、同类导弹挂架数量和导弹制导类型系数九项参数有

关。对近距格斗弹来说,其火力参数中射程的影响不大,不加入计算。另外,也没有导弹制导类型系数,故近距格斗弹的火力系数主要与允许发射总高度差、发射包线总攻击角、导弹最大过载、导弹最大跟踪角速度、总离轴发射角、单发杀伤概率、同类导弹挂架数量七项参数有关。航炮的火力系数主要与其每分钟发射率,即射速、弹丸初速度、弹丸质量、弹丸口径及该种航炮配置数量有关。

对地攻击能力系数 C_g 与机上外挂数量、使用的武器精度系数、发射距离及发现目标能力系数有关。如果有 k 种空地攻击导弹,那么计算公式为

$$C_g = C_{ta} \cdot \sum_{i=1}^{k} W_i \cdot R_i \cdot K_{Acc} \cdot \sqrt{n_i} \quad (i=1,2,\cdots,k)$$

式中:C_{ta}——发现目标能力系数;

$\quad W_i$——该种武器载弹量,可根据飞机的质量特性决定;

$\quad R_i$——发射距离;

K_{Acc}——该武器精度系数;

$\quad n_i$——武器的挂载数量。

6.抗干扰能力

第四代战斗机广泛采用相控阵技术、低噪声接收元器件、高密度的电路封装技术,其机载雷达同时具有搜索、通信和抗干扰等功能。由于机载雷达抗干扰能力的强弱是与干扰环境密切相关的,但是干扰环境是千变万化的,而且往往是不能准确预知的,因此,给雷达抗干扰能力的评估带来了很大困难。相关文献提出过一个雷达综合抗干扰能力的度量公式,当一部雷达设计完成后,就可以用已知的雷达参数定量地计算出这部雷达的综合抗干扰能力,这个不依赖于干扰环境就可以独立确定雷达抗干扰能力的方法具有一定的理论意义。但是,应用这一方法存在两个问题:一是抗干扰手段多种多样,公式中的因子反映得还不全面;二是每个因子的取值不好确定,而且因子之间是相乘关系,一个因子取值的变化对整个计算结果的影响较大。鉴于此,我们在此基础上提出一个评估公式:

$$IJC = \sum_{i=1}^{k} k_i S_i$$

式中:IJC——雷达固有抗干扰性能;

　　S_i——雷达设计参数和固有性能;

　　k_i——对应每一项所选取的系数;

　　N——所确定的项数。

该公式的使用方法:首先,根据已知的典型干扰环境确定雷达与抗这种干扰环境相关的设计参数和固有性能集$\{S_i\}$,它包括发射功率、信号持续时间、信号带宽、天线增益、波瓣宽度、副瓣电平、频率捷变带宽、带外抑制度、复杂波形设计、功率动态、恒虚警算法、模式识别算法、极化处理算法、多普勒处理算法、自适应处理算法、硬件规模及信息处理能力、再编程能力、双波段工作模式、主被动复合工作模式,以及一些特定的抗干扰技术措施等;其次,根据雷达性能指标对$\{S_i\}$进行归一化处理;最后,根据每一项在抗干扰中的作用,确定其所对应的系数k_i的大小。一般情况,k_i可取为1。有了这一公式,就可以对雷达的固有抗干扰性能计算出一个确定的数值。

(二)指标权重

指标权重的计算采取的是专家打分的方法,由各专家对各指标进行判断,然后对专家的评分结果进行综合,利用层次分析法得出指标的权重值。其中,专家按照0~1的指标度进行打分。

一级指标权重如表5-1所示。在此,只列出了权重的值。

表 5-1　一级指标权重值

编　号	指　标	权重值
W_s	生存能力	0.21
W_j	机动性能	0.14
W_d	态势感知能力	0.16
W_F	信息支援能力	0.13
W_f	攻击能力	0.22
W_k	抗干扰能力	0.14

二级指标权重如表5-2所示。

表 5 - 2　二级指标权重值

	指　标	权重值
生存能力	W_{s1}	0.6
	W_{s2}	0.4
态势感知能力	W_{d1}	0.8
	W_{d2}	0.2
信息支援能力	W_{F1}	0.43
	W_{F2}	0.57
	W_{F3}	0.38
	W_{F4}	0.23
	W_{F5}	0.39
攻击能力	W_{f1}	0.6
	W_{f2}	0.3
	W_{f3}	0.1

(三)计算分析

为了验证模型的有效性,选取两种典型美式第四代战斗机 F - 22 和 F - 35 进行评估,选取最为接近第四代战斗机的俄式第三代战斗机苏 - 35BM 进行对比。为消除数值大小对评价结果的影响,各分项性能的计算结果进行了标准化处理,结果见表 5 - 3。

表 5 - 3　战斗机作战效能评估结果

机型	挂载方案	S	B	A_d	F	A_f	C_g	IJC	综合效能
F - 22	4×AIM - 120 2×AIM - 9 2×GBU - 32	0.896 2	0.865 1	0.756 0	0.485 6	0.953 1	0.943 9	0.847 5	0.820 8
F - 35	2×AIM - 7 2×AIM - 9	0.436 1	0.365 8	0.685 2	0.435 6	0.596 4	0.389 4	0.756 9	0.523 4
苏 - 35BM	2×R77 2×R73	0.178 3	0.145 8	0.386 5	0.286 7	0.565 3	0.486 6	0.645 1	0.362 8

从评估结果可以看出,第四代重型战斗机 F - 22 的作战效能最高,F - 35

次之,属于第三代半战斗机的苏-35BM的作战效能最低。评估结果较好地反映了不同机型间空战效能的差别。同为第四代战斗机,F-35的生存能力比F-22低了大约一半,主要原因是F-35的RCS比F-22的最小正面RCS大5~10倍。同样,F-22可装载不同的联合作战武器,主弹舱可携带4枚发射后不管AIM-120先进中程空空导弹,边舱可带2枚AIM-9导弹,还配备了2枚GBU-32联合直接攻击弹药,因此,其攻击能力比其他两种机型更强。

第二节　攻击机突防效能评估案例

为减少敌方防空火力对我攻击机的威胁,提高攻击机突破敌防空系统的能力,以便对敌方的军事、战略目标造成更大的杀伤,迫切需要加强对攻击机突防效能的研究。同时,研究攻击机的突防效能可以为防空系统的建设和发展提供参考和指导。

一、敌防空系统作战效能

从攻、防两个方面考虑,研究攻击机突破防空导弹系统的作战效能,实际上就是研究防空系统的作战效能。假设敌防空系统有防空导弹和高炮的2个火力杀伤区,击毁攻击机的概率分别为P_m和P_g,攻击机群突防过程中被击毁概率为

$$P_{jh} = 1 - P_{tf} = 1 - (1 - P_m)(1 - P_g) \tag{5-1}$$

防空导弹系统射击目标过程如图5-2所示,远程警戒雷达发现来袭目标后,指挥系统立即通知导弹部队转入战斗状态;当目标进入导弹防区后,制导雷达开始跟踪目标,测定飞行参数,待目标进入发射区发射导弹;当目标进入杀伤区,并在导弹的威力半径内,战斗部爆炸击毁目标。

分析防空导弹系统射击过程,选择任意一个目标的射击概率评估值$P_{si}(i=1,2,\cdots)$,则作战编队第i批目标中每架攻击机被击毁的概率为

$$P_{hi} = P_{si}\left[1 - \left(1 - \frac{1}{l_i}P_1\right)^k\right] \tag{5-2}$$

式中:P_1——一枚导弹击毁攻击机的概率;

　　　k——一次发射导弹数量;

　　　l_i——第i批目标的攻击机数量。

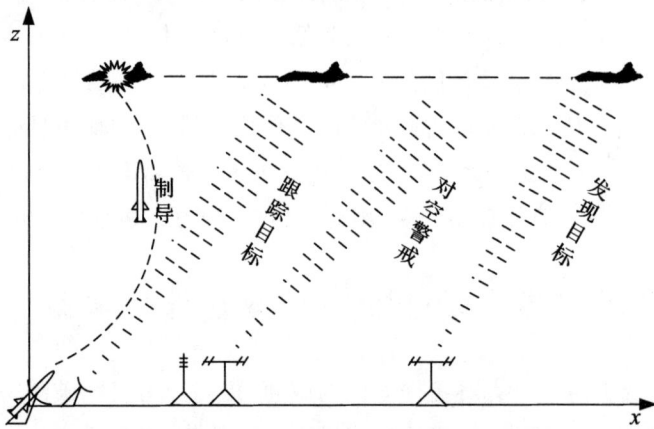

图 5-2　防空导弹系统射击目标过程示意图

设 m 为空中目标的数量,防空导弹击毁攻击机的概率为

$$P_{\mathrm{m}} = M / \sum_{i=1}^{m} l_i = \sum_{i=1}^{m} l_i P_{\mathrm{h}i} / \sum_{i=1}^{m} l_i \qquad (5-3)$$

高炮射击目标过程如图 5-3 所示,警戒雷达发现目标后,将目标概率诸元通报各指挥所,同时指示炮瞄雷达对该目标实施跟踪,并将测算参数传递给射击指挥仪。射击指挥仪一旦计算出射击诸元,就引导高炮对空中目标实施射击。

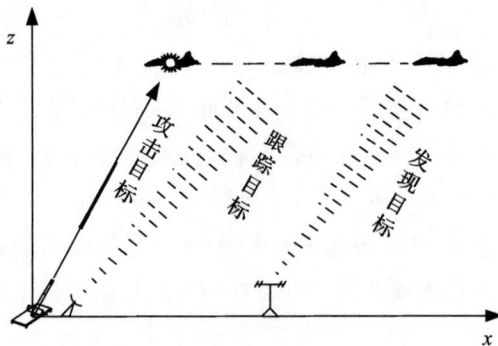

图 5-3　高炮系统射击目标过程示意图

根据文献分析,认为高炮射击的次数服从泊松分布。按照将高炮的平均射击架数均摊到编队中每架攻击机的情况,高炮击毁攻击机的概率为

$$P_{\mathrm{g}} = 1 - \exp\left(-\frac{N_{\mathrm{F}} P_{\mathrm{JF}}}{N}\right) \tag{5-4}$$

式中：N_{F}——高炮平均射击攻击机的数量；

$\quad\ P_{\mathrm{JF}}$——每个火力单位对一架攻击机的击毁概率；

$\quad\ N$——进入高炮防区的攻击机的数量。

二、攻击机突防效能模型

攻击机在空袭中可以通过应用软杀伤的电子干扰和硬杀伤的反辐射导弹等手段，压制敌防空系统的作战性能以提高攻击机的突防效能。

假设攻击机群有 $N(N=n+s,n \geqslant 0,s \geqslant 0)$ 架攻击机，防空系统可引导 n 个防空武器，防空武器间相互独立，每个武器系统只能同时射击一个目标。当所有的武器系统都在射击时，若再有攻击机进入，则无法转移火力射击，这些攻击机将突破防空系统。因此，可理解成一个有限等待制、多通道、先到先服务的排队系统。

将按时间序列进入防空系统的攻击机群看成一个事件流，并认为服从参数为 λ 的泊松流。防空系统的服务时间和事件等待时间服从参数为 μ 和 ν 的负指数分布，分布函数分别为

$$F(t) = \mu\, \mathrm{e}^{-\mu t} \tag{5-5}$$

$$W(t) = \nu\, \mathrm{e}^{-\nu t} \tag{5-6}$$

式中：$\mu = 1/T_1$ 为平均服务率，T_1 为防空系统的平均射击时间；$\nu = 1/T_2$，T_2 为平均等待时间，即逗留时间，且有 $T_2 = R_{\min}/\nu$，$R_{\min}$ 为雷达在干扰条件下的发现距离，ν 为攻击机的平均速度。

设 $N(t)$ 为系统 t 时刻的状态，则 $N(t)=K(K \leqslant n)$ 表示 t 时刻有 K 个服务台在服务，还有 $(n-K)$ 个服务台空闲，其概率为 $P_K(t)$；$N(t)=n+s$ $(s=1,2,\cdots)$ 表示 t 时刻除所有的 n 个服务全部工作之外，还有 s 个攻击机进入防空系统，其概率为 $P_{n+s}(t)$。

$$P[N(t) = K] = P_K(t) \quad (K=0,1,\cdots,n) \tag{5-7}$$

$$P[N(t) = n+s] = P_{n+s}(t) \tag{5-8}$$

联立式(5-7)、式(5-8)及初始条件，得

$$P_0(t)\,|_{t=0} = 1, P_j(t)\,|_{t=0} = 0 \quad (j=1,2,\cdots,n+K)$$

则稳态条件下各状态的概率：

$$P_0 = \cfrac{1}{\displaystyle\sum_{K=0}^{n} \frac{\alpha^K}{K!} + \frac{\alpha^n}{n!} \sum_{s=1}^{\infty} \cfrac{\alpha^s}{\displaystyle\prod_{m=1}^{\infty}(n+m\beta)}} \qquad (5-9)$$

$$P_K = \frac{\alpha^K}{K!} \cdot P_0 \quad (0 < K \leqslant n) \qquad (5-10)$$

$$P_{n+s} = \frac{\alpha^n}{n!} \cdot \cfrac{\alpha^s}{\displaystyle\prod_{m=1}^{s}(n+m\beta)} \cdot P_0 \quad (s \geqslant 1) \qquad (5-11)$$

式中，$\alpha = \lambda/\mu$，$\beta = \nu/\mu$。

在系统平衡状态下的任一瞬间，没有遭到攻击的攻击机数量的数学期望为

$$m_s = \sum_{s=1}^{\infty} s P_{n+s}$$

突防概率为单位时间内离开防空系统的攻击机平均数与到达的攻击机平均数之比，即

$$P_{tf} = \frac{m_s}{\lambda T_2} = \frac{m_s \nu}{\lambda} = \frac{m_s \beta}{\alpha} \qquad (5-12)$$

三、机载电子干扰和反辐射导弹对突防效能的影响

设定攻击机的飞行速度为 220 m/s，飞行高度为 500 m，机群相邻攻击机间的距离为 300 m，目标可见距离为 20 km，目标被发现的条件概率为 0.98，武器的最小允许发射距离为 2 km，则防空导弹单发杀伤概率 $P_1 = 0.6$，杀伤区远界水平距离有干扰时为 8 km，无干扰时为 40 km。攻击机进入远界后即可发射导弹攻击，攻击机离开导弹杀伤区后不再重新进入。如果攻击机使用反辐射导弹，那么其单发杀伤概率 $P_{1RAM} = 0.7$。高炮防区由 30 门 23 mm 四管高炮组成，其火力半径为 1 km，单发炮弹命中概率为 0.004，高炮防区的总面积为 20 km×10 km。机群以单机跟进方式进入高炮防空系统，通过的距离为 10 km。若攻击机采用干扰措施，则高炮对攻击机的击毁概率降为原来的 80%。假设攻击机没有损伤积累，且高炮各火力单位相互独立，则按照火力均摊原则，攻击机被击毁概率 P_g 可求。

(一)机载电子干扰对攻击机突防效能的影响

以攻击机对某要地突防为例，攻防双方在有无使用电子干扰的情况下，相

应战、技术参数如表 5 - 4 所示,并利用式(5 - 12)可求得攻击机的突防概率。

表 5 - 4 有无电子干扰情况下的突防概率

参数	$\lambda /$（架 · min^{-1}）	$V /$（$m \cdot s^{-1}$）	n	$T_1 /$ min	$T_2 /$ min	R /km	α	β	P_{tf}
无电子干扰	2.5	340	5	1.8	3.43	70	4.5	0.52	0.111 8
有电子干扰	3.5	340	3	2.5	0.735	15	8.75	3.4	0.668 0

由结果可知,由于机载电子干扰而导致攻击机的突防概率得到较大的提高。由式(5 - 12)可知,攻击机的突防效能与 α、β 和 n 三个参数密切相关,分析如下。

1.参数 α

图 5 - 4 表明,α 越大,突防概率越大。机载电子干扰作用使 α 增大的主要表现如下:一方面,加大攻击流的密度 λ,即利用各种欺骗手段制造假目标或用压制杂波干扰提高雷达的虚警率;另一方面,增加防空系统平均射击时间 T_1,由于电子干扰的作用而使防空系统雷达被发现的概率下降,虚警率提高,捕获目标时间增加。

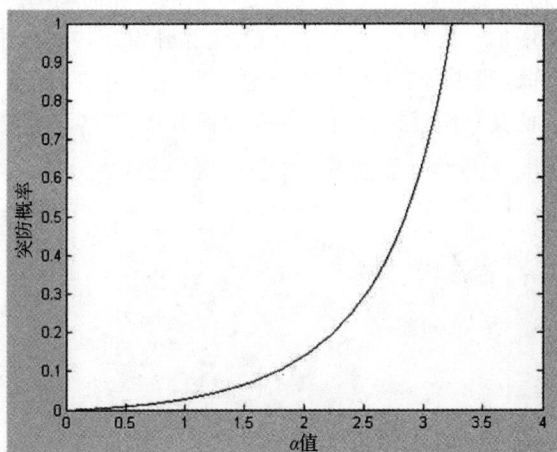

图 5 - 4 突防概率随 α 变化曲线

2.参数 β

图 5 - 5 表明,β 越大,突防概率越大。机载电子干扰在两个方面使 β 增大:一是减少目标的平均逗留时间 T_2,干扰功率增加,使雷达自卫距离减小,

缩短攻击机的逗留时间 T_2，实质上是攻击机暴露在敌方防空雷达搜索距离减小；二是增加平均射击时间 T_1，在此不作赘述。

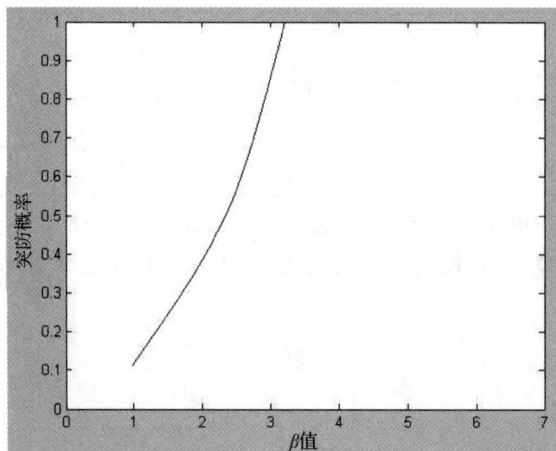

图 5-5　突防概率随 β 变化曲线

3.服务通道 n

由图 5-6可知，突防概率 P_{tf} 随服务通道 n 的增加而减小。减少服务通道的主要途径：一是增加干扰机有效辐射功率，使部分雷达接收机饱和或阻塞，不能进行目标分配和远程引导，从而使武器通道数目 n 减少；二是利用有源或无源欺骗干扰手段，使其对假目标进行分配和远程引导，占据一定数量的通道。

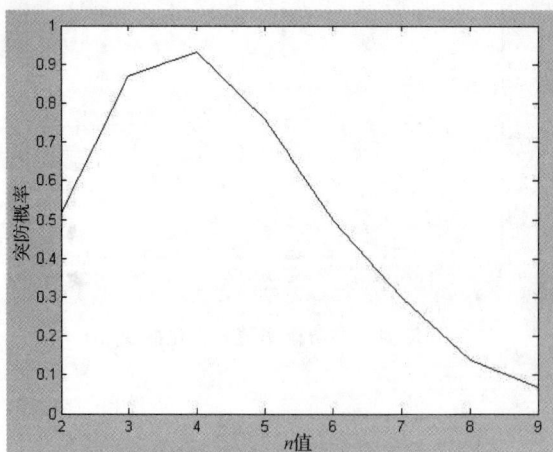

图 5-6　突防概率随 n 的变化曲线

(二)反辐射导弹对攻击机突防效能的影响

电子干扰能使对方作战能力因压制而失灵或降低,但不能造成永久性破坏,一旦干扰消失,敌防空系统将恢复功能,仍然会造成威胁。反辐射导弹是一种专门攻击电磁波辐射源的战术导弹,当攻击机载有反辐射导弹时,如果地面防空导弹系统雷达开机,那么攻击机便可以接收到它的辐射,并转向测试雷达参数,一旦满足反辐射导弹发射条件,就可攻击敌防空导弹系统。反辐射导弹与防空导弹系统对抗过程如图 5-7 所示,要使攻击机的损失最小,则反辐射导弹应在防空导弹系统发射第一发防空导弹前摧毁雷达,即反辐射导弹"抢先"发射。

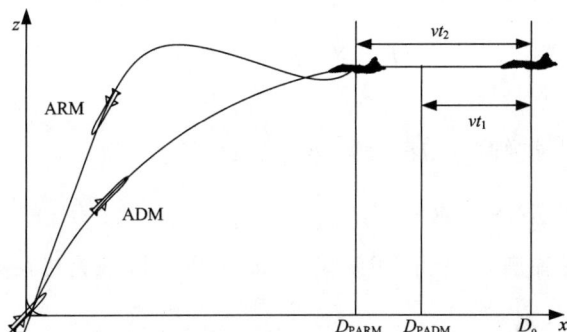

图 5-7 反辐射导弹与防空导弹系统对抗示意图

设攻击机的速度为 ν,防空导弹水平方向的速度为 ν_m,当距离为 D_0 时防空导弹雷达开始搜索目标,发现目标需时间 t_1,此时对应距离为 D_{PADM},由图 5-7 可知,防空导弹系统拦截攻击机所需时间为

$$t_{LJ} = \frac{D_0 - D_{PADM}}{\nu + \nu_m} + t_1 = \frac{D_0 - \nu t_1}{\nu + \nu_m} + t_1 \qquad (5-13)$$

设反辐射导弹水平方向速度为 ν_p,攻击机经过时间 t_2 可发射反辐射导弹,则摧毁雷达所需时间为

$$t_p = \frac{D_0 - D_{PARM}}{\nu_p} + t_2 = \frac{D_0 - \nu t_2}{\nu_p} + t_2 \qquad (5-14)$$

为保证反辐射导弹"抢先"发射,应使 $t_{LJ} - t_p$ 不小于某个值,一般取 3~5 s,此时防空导弹杀伤概率较小,可忽略,由式(5-13)、式(5-14),得反辐射导

弹水平飞行速度应满足

$$v_p \geqslant \frac{v + v_m}{1 + \dfrac{v_m(t_1 - t_2) - \Delta t(v + v_m)}{D_0 - v t_2}} \qquad (5-15)$$

假定攻击机的数量为 N，每架携带反辐射导弹 n_{ARM} 枚，一枚反辐射导弹杀伤防空雷达的概率为 P_{1ARM}，防空导弹系统攻击目标的次数为 n_p，每枚防空导弹拦截来袭攻击机的概率为 P_1，假设防空导弹系统在反辐射导弹攻击前成功进行了 n_1 次攻击，则防空雷达被毁概率为

$$P_{FR} = 1 - (1 - P_{1ARM})^{Nn_{ARM}} \qquad (5-16)$$

攻击机的损失为

$$\Delta \widetilde{N} = N \left\{ P_{FR} \left[1 - (1 - P_1)^{\frac{n_1}{N}} \right] + (1 - P_{FR}) \left[1 - (1 - P_1)^{\frac{n_p}{N}} \right] \right\} \qquad (5-17)$$

使用反辐射导弹时攻击机损失数量的减少值 Δn 为

$$\Delta n = \Delta N - \Delta \widetilde{N} = N P_{FR} \left[(1 - P_1)^{\frac{n_1}{N}} - (1 - P_1)^{\frac{n_p}{N}} \right] \qquad (5-18)$$

当反辐射导弹满足"抢先"发射条件，即 $n_1 = 0$ 时，攻击机在突防过程中被击毁的概率为

$$P_m \approx (1 - P_{FR}) \left[1 - (1 - P_1)^{\frac{n_p}{N}} \right] \qquad (5-19)$$

由图 5-8，可知攻击机损失的减少值 Δn 随 n_1 增大而减小。当 $n_1 = n_p$ 时，可认为攻击机未使用反辐射弹；当 $n_1 = 0$ 时，表示反辐射弹"抢先"发射，攻击机损失的减少值达到最大。另外，当防空导弹对攻击机的杀伤概率增大时，机群损失数量的减少值 Δn 反而越大，说明当防空导弹对攻击机的杀伤概率越大时，使用反辐射导弹的效果越显著。

不考虑使用机载电子干扰，可得攻击机突防概率随"抢先"发射的反辐射导弹数量变化曲线如图 5-9 所示。

由图 5-9 可知，如果攻击机能抢先用反辐射导弹攻击地面防空雷达，那么可以显著提高攻击机的突防概率。但在一定的对抗态势下，发射了一定数量的反辐射导弹后，因为机群的损失已经形成，再发射反辐射导弹对减少机群损失的效果不明显。

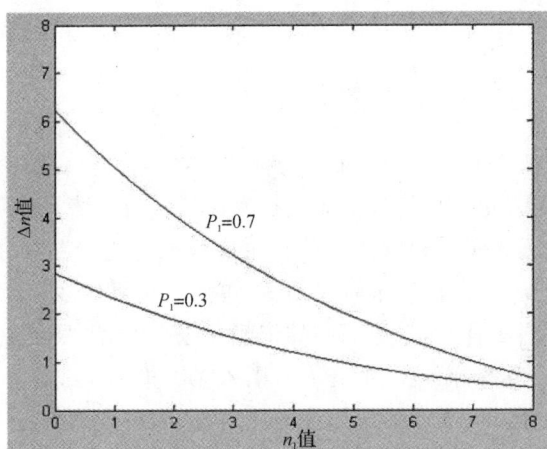

图 5-8　Δn 随 n_1 变化曲线

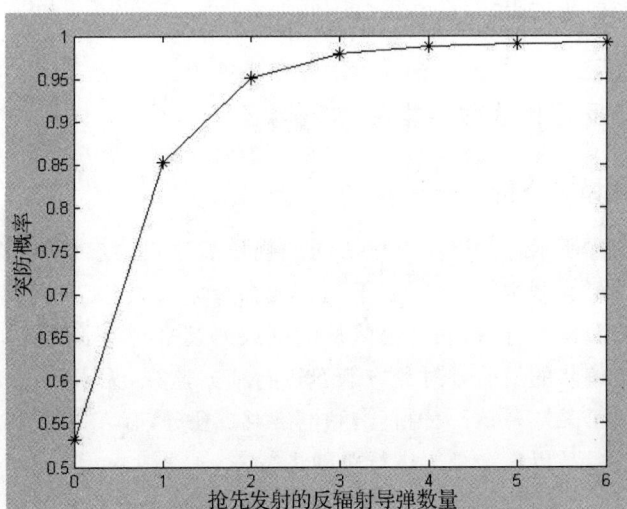

图 5-9　突防概率随发射反辐射导弹数量变化曲线

　　案例对攻击机突防效能进行了研究,分析了机载电子干扰和反辐射导弹对攻击机突防效能的影响。结果表明,综合应用电子干扰和反辐射导弹等手段,压制敌防空武器系统的作战性能,能够明显提高攻击机的突防效能,为攻击机和防空系统的发展提供了建议和参考。

第三节　基于组合评估的有人/无人机协同作战效能评估案例

随着无人机技术的迅速发展和军事需求的不断推进,无人机在战场上的作用不断拓展,无人智能化将成为无人机发展的必由之路,但现有的无人机的智能化水平还远远无法达到取代人脑自主完成战场决策判断,以及实现无人机自主作战的程度。同时,对现阶段而言,单架无人机或多架无人机协同作战所能发挥的作用相对有限,对地面站的依赖又过高,无法跟上未来战争中快速出动、快速进攻的节奏,而这时把有人机引入无人机的作战体系中将成为无人机作战的必然选择。反舰作战是当今海上作战的主要形式,在未来局部海战中,利用具备隐身性能的有人机和无人机来对海上纵深,以及高风险海域内的敌方舰船实施侦察攻击将会成为未来反舰作战领域的一个重要趋势,而对其进行效能评估是未来检验其战斗力、进行系统改良所必不可少的环节。本案例从组合评估的角度出发,探索组合不同评估方法的有人/无人机协同反舰作战效能评估方法。

一、协同反舰作战效能指标体系构建

(一)作战模式分析

如图 5-10 所示,有人/无人机协同反舰作战过程构想如下:作战联合指挥所根据战场形势制定作战计划,下达作战命令给有人/无人机联合编队,对任务路径进行数据装订后,联合编队从陆基或海基平台起飞无人侦察机和诱饵无人机处于编队的最前方对敌方舰艇进行侦察监视,无人攻击机和无人电子对抗机处于第二层,执行火力打击和电磁对抗任务,有人机处于编队的第三层,进行作战决策,以安全距离进行跟随飞行。

其中,诱饵无人机可令敌方防空雷达暴露,干扰敌方视线,以便无人侦察机对敌方舰艇进行实时监控侦察,将收集到的战场信息及时反馈给有人机,并对敌我双方的损伤状况进行评估。电子对抗无人机对敌方舰艇进行电磁干扰,同时,无人攻击机也可携带反辐射导弹打击敌防空系统。

由于有人/无人机协同反舰作战战场环境复杂,各种电磁信号干扰交织,战场态势瞬息万变,因此,需要考虑敌我效能影响因素众多,难以将所有影响因素指标化,且随着指标数量的增多,其评估计算量也会呈指数型上升。为了简化效能评估过程,可以采用 OODA(Observation - Orientation - Decision - Action,观察—判断—决策—行动)环理论,将上述作战流程简化成四个模块:观察、判断、决策、行动(见图 5-11)。

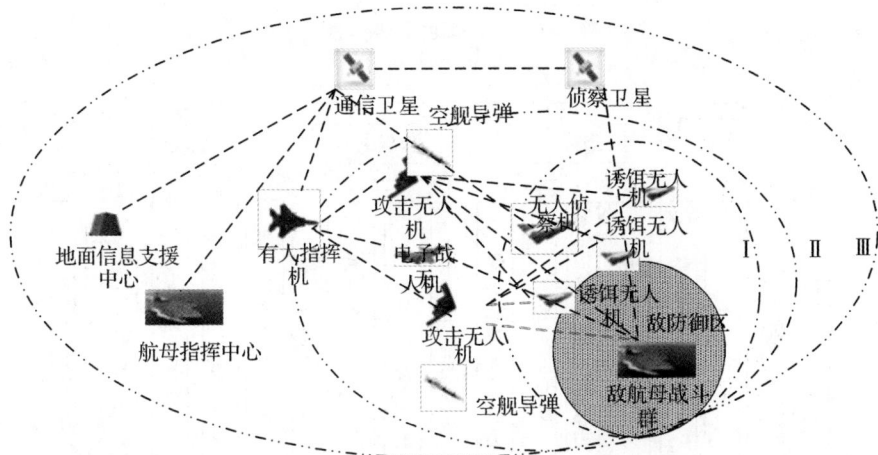

图 5-10 有人/无人机协同反舰作战态势图

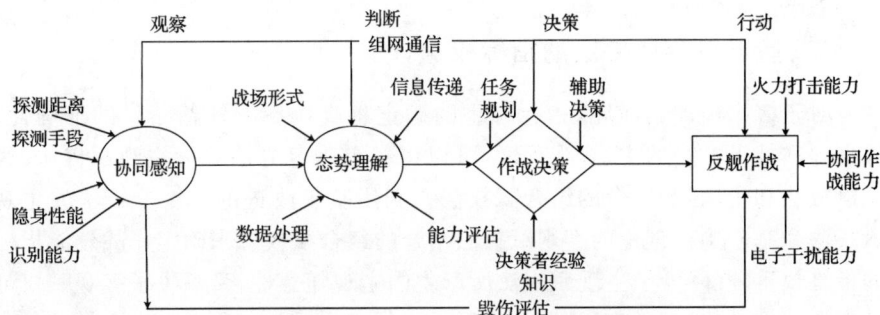

图 5-11 有人/无人机协同反舰作战 OODA

(二)确定作战效能评估指标体系

建立作战效能指标体系是研究有人/无人机协同反舰作战效能评估的前提和基础,是将影响有人/无人机协同反舰作战效能的各个抽象因素转化成具体、明确的度量指标,并赋予相应权重的过程。建立作战效能评估指标体系是一项复杂的系统工程,在保证指标体系全面性与独立性、层次性与系统性统一的同时，又要确保指标体系符合评估的要求，全面、准确地反映有人/无人机协同反舰作战效能。利用 Delphi 法来确定有人/无人机协同反舰作战效能指标体系，分别确定 OODA 环四个模块的作战效能指标体系，如图 5-12 所示。

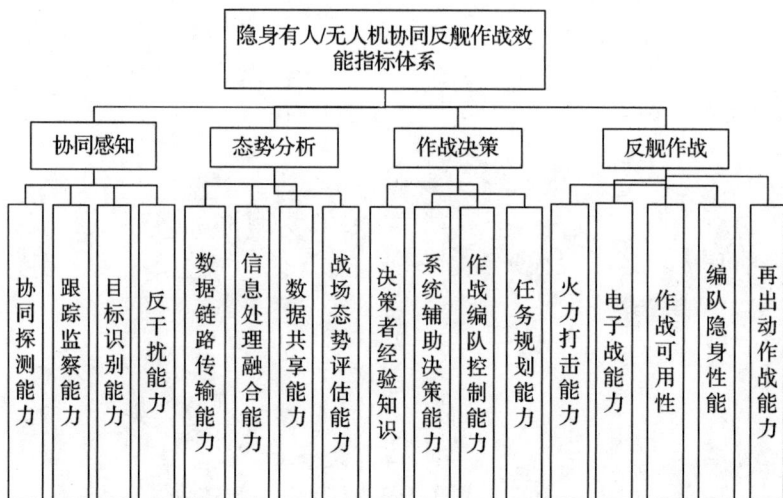

图 5-12 有人/无人机协同反舰作战效能指标体系

二、基于组合评估法的指标权重计算

对于多指标评估问题，指标权重的确定将直接影响评估结果的准确性。根据评估技术方法的主、客观程度，可以将权重确定方法分为主观赋权法、客观赋权法和主、客观结合的组合赋权法。利用基于改进的层次分析法的主观赋权法和基于熵权理论的客观赋权法结合的组合赋权法来确定作战效能指标的最终权重，既降低了主观赋权法所产生的主观随意性，又解决了客观赋权可能存在的权重与实际情况相悖的问题。

(一)主观权重计算

本案例在 OODA 环的基础上利用 Delphi 法明确了影响作战效能的各个指标，但还没有对其指标进行量化，而层次分析法(AHP 法)可以进行定量分析，利用专家评比的方式对同一层上的各个因素按其重要度进行两两比较，得到权重判断矩阵，并进行量化计算，最后结合专家权重来确定指标的主观权重。

1.确定特征向量

构建好每名专家的判断矩阵后采用方根法来确定指标权重：

$$W = (w_1, w_2, \ldots, w_n)^{\mathrm{T}} \tag{5-20}$$

对构造出来的个体判断矩阵，要检验其一致性指标，评判该判断矩阵是否可以接受。

2.判断专家权重

对于通过一致性检验的专家，根据实际情况和评判结果进行聚类分析，其中评判结果相似的专家可以归为同一类，从而将专家划分成不同的类别。其中，类容量大的专家的批判结果应该代表大多数人的意见，赋予相对较高的权重，而类容量较小的专家只代表少部分人的观点，赋予相对较低的权重。

$$\Phi_i = \frac{\varphi_i}{\sum\limits_{i=1}^{t} \varphi_i^2} \quad (i = 1, 2, \cdots, n) \tag{5-21}$$

式中：Φ_i ——第 i 类专家们的类容量权重；

φ_i ——第 i 类专家的数量；

t ——总共划分的专家的类别。

同时，一致性越好的判断矩阵的可接受程度越好，对于各名专家的权重，也应考虑个体判断矩阵的一致性程度，将类容量权重 Φ_i 与一致性指标 CI 结合起来，并进行归一化处理得到专家权重 Z_i^*。

$$Z_i = \Phi_i / \mathrm{CI}_i \quad (i = 1, 2, \cdots, n) \tag{5-22}$$

$$Z_i^* = \frac{Z_i}{\sum\limits_{i=1}^{n} Z_i} \tag{5-23}$$

(二)客观权重计算

在信息论中，熵是用来度量信息不确定性的工具。熵越大，信息的不确定性就越大，信息所包含的信息量就越大；熵越小，信息不确定性就越小，信息所包含的信息量就越小。对效能评估指标来说，熵值可以反映评估指标的离散程度。其中，指标离散程度越大，就说明该指标对效能评估的影响越大，对应的权重就越大；指标离散程度越小，就说明该指标对效能评估的影响越小，对应的权重就越小。例如，某项指标在各个专家的评分下都相同，说明可以不必考虑该指标，权重为 0。

计算熵的公式如下：

$$S(s_1,s_2,...,s_n) = -K\sum_{i=1}^{n} P_{ij}\ln P_{ij} \quad (j=1,2,\cdots,n) \quad (5-24)$$

式中：P_{ij}——第 j 个指标在第 i 个专家评分中所占的比例；

$\quad K$——比例系数。

$$P_{ij} = \frac{x_{ij}}{\sum\limits_{i=1}^{m} x_{ij}} \quad (i=1,2,\cdots,m;j=1,2,\cdots,n) \quad (5-25)$$

$$K = \frac{1}{\ln m} \quad (5-26)$$

式中：m——专家个数，即样本容量；

$\quad n$——指标个数。

确定指标熵权重：

$$d_j = 1 - s_j \quad (j=1,2,\cdots,n) \quad (5-27)$$

$$W_{s_j} = \frac{d_j}{\sum\limits_{j=1}^{n} d_j} \quad (j=1,2,\cdots,n) \quad (5-28)$$

(三)基于组合赋权法的最终权重确定

将每名专家的个体判断矩阵的特征向量与其对应的专家权重相乘加和，并乘指标的熵权重得到各个指标的最终权重向量 $\boldsymbol{W}^*$：

$$w_j^* = W_{s_j}\sum_{i=1}^{n} Z_i^* W_{ij} (j=1,2,\cdots,n) \quad (5-29)$$

$$W_j^* = \frac{w_j^*}{\sum\limits_{j=1}^{n} w_j^*} \quad (5-30)$$

$$\boldsymbol{W}^* = (W_1^*,W_2^*,\cdots,W_n^*)^{\mathrm{T}} \quad (5-31)$$

对于四个一级指标即 OODA 环的四个环节的权重，在上述基础上，将各个二级指标分数加和求平均作为一级指标的评分：

$$X_j = \frac{\sum\limits_{i=1}^{n} x_{ij}}{n} \quad (j=1,2,3,4) \quad (5-32)$$

依据已计算出的一级指标熵权重，结合层次分析法计算出来的特征向量，并进行归一化可以得到一级指标的最终权重：

$$w_j^* = W_{s_j} W_j \quad (j=1,2,\cdots,n) \quad (5-33)$$

三、建立灰色聚类评估模型

(一)确定评估标准和评估分数矩阵

根据作战效能评估的实际情况,可以将作战效能划分成四个灰类,如表 5-5 所示。

表 5-5 作战效能评估标准

评估分值	[90,100]	[80,90)	[60,80)	[0,60)
效能级别	优秀	良好	合格	不合格

对于有人/无人机协同反舰作战效能的各项指标,邀请 m 名专家针对其作战效能进行评分。

(二)确定白化权函数值

根据效能评估的要求,确定有人/无人机协同反舰作战效能评估的灰类数及白化权函数。在上面已经将评估标准划分成四类,分别是优秀、良好、合格及不合格,所以对应的评估灰类数也是四类,设定评估灰类 $t=1,2,3,4$;将区间 $[0,100]$ 划分成 $[0,60)$、$[60,80)$、$[80,90)$、$[90,100]$ 四个区间;灰数的数值表示评估可能的取值范围,而各个区间的几何中点 λ_k 为该类的最优评估值。

对于第 1 级灰类优秀,建立下限测度白化权函数 $f_j^1(x)$,第 2 级灰类良好和第 3 级灰类合格则建立 j 指标关于灰类 k 的三角白化权函数 $f_j^k(x)$,第 4 级灰类建立下限测度白化权函数 $f_j^4(x)$,而评估分数矩阵 $\boldsymbol{B}$ 的每个指标 b_{ij} 隶属于各个灰类的白化权函数值可以由下列公式计算:

$$f_j^1(b_{ij}) = \begin{cases} 0, & b_{ij} \notin [0,70) \\ 1, & b_{ij} \in [0,30) \\ \dfrac{7}{4} - \dfrac{1}{40}b_{ij}, & b_{ij} \in [30,70] \end{cases} \quad (5-34)$$

$$f_j^2(b_{ij}) = \begin{cases} 0, & b_{ij} \notin [30,85] \\ \dfrac{1}{40}b_{ij} - \dfrac{3}{4}, & b_{ij} \in [30,70) \\ -\dfrac{1}{15}b_{ij} + \dfrac{17}{3}, & b_{ij} \in [70,85] \end{cases} \quad (5-35)$$

$$f_j^3(b_{ij}) = \begin{cases} 0, & b_{ij} \notin [70,95] \\ \dfrac{1}{15}b_{ij} - \dfrac{14}{3}, & b_{ij} \in [70,85) \\ \dfrac{19}{3} - \dfrac{1}{15}b_{ij}, & b_{ij} \in [85,95] \end{cases} \qquad (5-36)$$

$$f_j^4(b_{ij}) = \begin{cases} 0, & b_{ij} \notin [85,100] \\ \dfrac{1}{10}b_{ij} - \dfrac{17}{2}, & b_{ij} \in [85,95) \\ 1, & b_{ij} \in [95,100] \end{cases} \qquad (5-37)$$

计算各个指标的灰色评价系数：

$$\sigma_{jk} = \sum_{i=1}^{m} f^k(b_{ij}) \qquad (5-38)$$

$$\sigma_j = \sum_{k=1}^{4} \sigma_{jk} \qquad (5-39)$$

$$r_{jk} = \frac{\sigma_{jk}}{\sigma_j} \qquad (5-40)$$

式中：σ_{jk} —— j 指标关于灰类 k 的灰色系数；

σ_j —— j 指标的总灰色系数；

r_{jk} —— 指标 j 的第 k 个灰类的灰色评价权重。

因为总共划分 4 个灰类，所以由以上公式可得 j 指标灰色评价权向量 $\boldsymbol{R}_j = (r_{j1}, r_{j2}, r_{j3}, r_{j4})^T$，同理可得该层次的灰色评价矩阵 $\boldsymbol{R}$：

$$\boldsymbol{R} = \begin{bmatrix} \boldsymbol{R}_1 \\ \vdots \\ \boldsymbol{R}_n \end{bmatrix} = \begin{bmatrix} r_{11} & r_{12} & r_{13} & r_{14} \\ \vdots & \vdots & \vdots & \vdots \\ r_{n1} & r_{n2} & r_{n3} & r_{n4} \end{bmatrix}_{n \times 4} \qquad (5-41)$$

(三)确定白化权函数值

采用邀请专家评分的方式，先对 OODA 环的四个二级指标观察、判断、决策、行动进行综合评价，将得到的灰色评价矩阵与层次分析中得到的指标权重向量结合起来，得到四个二级指标的评估结果：

$$\boldsymbol{C}_i = \boldsymbol{W}_i^* \cdot \boldsymbol{R}_i = (c_{i1}, c_{i2}, c_{i3}, c_{i4}) \quad (i=1,2,3,4) \qquad (5-42)$$

整合四个二级指标的综合评价结果，可以生成对应于评估作战效能一级指标的灰色评价矩阵 $\boldsymbol{C}$：

$$C = \begin{pmatrix} \boldsymbol{C}_1 \\ \boldsymbol{C}_2 \\ \boldsymbol{C}_3 \\ \boldsymbol{C}_4 \end{pmatrix} = \begin{pmatrix} c_{11} & c_{12} & c_{13} & c_{14} \\ c_{21} & c_{22} & c_{23} & c_{24} \\ c_{31} & c_{32} & c_{33} & c_{34} \\ c_{41} & c_{42} & c_{43} & c_{44} \end{pmatrix} \qquad (5-43)$$

最后,根据对有人/无人机协同反舰作战效能进行综合评估:

$$E = \boldsymbol{W}^{*\mathrm{T}} \cdot \boldsymbol{C} \cdot \boldsymbol{F}^{\mathrm{T}} \qquad (5-44)$$

式中:$\boldsymbol{W}^{*\mathrm{T}}$——四个二级指标对作战效能的权重评估向量;

　　　$\boldsymbol{F}$——灰色评估向量,在表5-2作战效能评估标准中选取四个灰类的中值作为灰色评估向量 $\boldsymbol{F} = (95,85,70,30)$;

　　　E——总体效能评估值,再对照表5-2,判断其属于的效能级别。

四、实例计算

现邀请16名相关领域专家组成有人/无人机协同反舰作战效能评估小组,对上述确定的各项指标进行综合评分,评分结果如表5-6所示。

表5-6　作战效能专家打分情况表

		专家1	专家2	专家3	专家4	专家5	专家6	专家7	专家8	专家9	专家10	专家11	专家12	专家13	专家14	专家15	专家16
协同感知	协同探测能力	74	83	81	76	79	71	70	71	73	78	86	79	81	83	74	77
	跟踪监察能力	83	76	85	90	82	72	73	80	74	67	84	52	86	81	71	73
	目标识别能力	85	91	73	88	83	73	74	78	85	89	73	81	76	82	74	74
	反干扰能力	43	68	69	80	73	74	75	77	79	77	72	75	81	84	69	81
态势分析	数据链路传输能力	73	77	77	82	79	70	77	73	93	73	81	84	86	72	71	84
	信息处理融合能力	65	84	82	83	81	80	80	70	85	80	80	53	84	73	86	73
	数据共享能力	72	76	76	84	86	84	81	76	81	86	74	65	79	74	74	78
	战场态势评估能力	83	84	79	91	75	43	80	63	83	71	70	76	72	84	76	79

续表

		专家1	专家2	专家3	专家4	专家5	专家6	专家7	专家8	专家9	专家10	专家11	专家12	专家13	专家14	专家15	专家16
作战决策	决策者经验知识	92	90	81	92	86	81	83	82	84	84	79	84	81	84	84	86
	系统辅助决策能力	81	75	48	55	73	76	86	59	46	85	71	67	89	73	76	73
	作战编队控制能力	73	73	80	88	82	81	77	73	88	81	80	75	76	49	79	86
	任务规划能力	86	80	70	72	77	72	73	70	94	75	79	83	78	84	73	75
反舰作战	火力打击能力	95	91	89	88	92	86	86	85	95	93	89	79	75	85	78	90
	电子战能力	76	73	75	73	78	79	68	69	92	89	83	84	74	90	77	84
	作战可用性	89	94	83	75	76	75	82	78	84	86	84	76	84	76	79	83
	隐身性能	78	74	81	76	78	73	76	84	80	85	86	85	81	84	81	79
	再出动作战能力	88	83	79	80	75	84	86	73	71	73	86	93	88	86	82	78

(一)计算作战效能指标权重

根据上述效能评估数据,对有人/无人机协同反舰作战效能进行评估,建立评估指标的特征向量 $W=(W_1,W_2,W_3,W_4)$,$W_i(i=1,2,3,4)$ 分别表示协同感知、态势分析、作战决策和反舰作战四项一级评估指标。确定四项一级指标对应下的二级指标权重,以协同感知能力为例,参照专家对各项效能指标的评分情况,按照表 5-5 的标准对各项指标进行两两比较,分别建立 16 位专家的判断矩阵,计算他们的特征值、特征向量和一致性检验值,如表 5-7 所示。

表 5 - 7 专家判断矩阵协同感知特征向量和一致性指标

专家编号	w_1	w_2	w_3	w_4	$\lambda_{\max}$	CI	CR
1	0.143 4	0.315 4	0.497 7	0.043 6	4.120 1	0.040 0	0.045 0
2	0.273 1	0.130 8	0.525 2	0.070 9	4.117 9	0.039 3	0.044 2
3	0.294 4	0.580 0	0.076 7	0.048 9	4.123 7	0.041 2	0.046 3
4	0.246 9	0.176 1	0.464 1	0.112 8	4.114 4	0.038 1	0.042 8
5	0.159 6	0.357 1	0.258 6	0.224 6	4.126 3	0.042 1	0.047 3
6	0.326 4	0.231 3	0.158 2	0.283 7	4.034 2	0.011 4	0.012 8
7	0.223 0	0.189 5	0.268 4	0.319 1	4.257 4	0.085 1	0.096 4
8	0.325 1	0.196 4	0.224 5	0.254 0	4.195 3	0.065 1	0.073 1
9	0.441 6	0.223 1	0.108 4	0.226 9	5.090 8	0.363 6	0.408 5*
10	0.215 4	0.465 1	0.108 5	0.211 0	4.627 6	0.209 2	0.235 1*
11	0.254 1	0.280 5	0.258 9	0.206 9	4.272 7	0.090 9	0.102 1
12	0.212 3	0.251 0	0.320 5	0.216 4	5.292 4	0.430 8	0.484 0*
13	0.235 6	0.226 5	0.289 1	0.248 8	4.053 7	0.017 9	0.020 1
14	0.294 8	0.264 2	0.192 8	0.248 8	4.203 1	0.067 7	0.076 1
15	0.269 1	0.215 9	0.301 5	0.213 8	4.043 5	0.014 5	0.016 3
16	0.257 3	0.103 5	0.235 4	0.403 8	4.558 0	0.186 0	0.209 0*

* 检验不合格。

将一致性检验不合格的 4 位专家建立的判断矩阵剔除,对剩下的 12 位专家结合其评分情况利用 k - means 算法划分成四类,得到各专家权重,如表 5 - 8 所示。

表 5 - 8 通过一致性检验的专家权重情况

专家 1	专家 2	专家 3	专家 4	专家 5	专家 6	专家 7	专家 8	专家 11	专家 13	专家 14	专家 15
0.018 0	0.073 3	0.069 9	0.056 7	0.068 4	0.252 7	0.033 6	0.044 3	0.031 7	0.120 7	0.031 9	0.198 7

计算出指标的熵权值如表 5 - 9 所示。

表 5 - 9 协调感知能力各指标熵权重情况

协同探测能力	跟踪监察能力	目标识别能力	反干扰能力
0.279 9	0.106 2	0.529 7	0.084 2

最后,算出协调感知能力四项相应指标的最终权重,如表 5 - 10 所示。

表 5 - 10　协调感知能力各指标最终权重情况

协同探测能力	跟踪监察能力	目标识别能力	反干扰能力
0.291 6	0.102 3	0.537 8	0.068 3

按照此流程可计算出所有指标的最终权重,如表 5 - 11 所示。

表 5 - 11　各级指标最终权重

OODA 环节	效能指标	最终权重
协同感知 (0.201 3)	协同探测能力	0.291 6
	跟踪监察能力	0.102 3
	目标识别能力	0.537 8
	反干扰能力	0.068 3
态势分析 (0.193 6)	数据链路传输能力	0.179 3
	信息处理融合能力	0.162 4
	数据共享能力	0.196 2
	战场态势评估能力	0.462 1
作战决策 (0.284 7)	决策者经验知识	0.093 1
	系统辅助决策能力	0.594 5
	作战编队控制能力	0.193 4
	任务规划能力	0.119 0
反舰作战 (0.320 4)	火力打击能力	0.281 3
	电子战能力	0.184 5
	作战可用性	0.223 4
	隐身性能	0.131 4
	再出动作战能力	0.179 4

(二)作战效能灰色评估

根据灰色聚类评估步骤,将各项评估分数代入对应的白化权函数中,计算结果如表 5 - 12 所示。

表 5 - 12　各个指标灰类白化权函数值

效能指标	优 秀	良 好	合 格	不合格
协同探测能力	0.006 8	0.494 3	0.498 9	0
跟踪监察能力	0.041 3	0.426 6	0.496 0	0.036 1
目标识别能力	0.096 8	0.436 7	0.466 5	0
反干扰能力	0	0.366 7	0.584 9	0.048 4
数据链路传输能力	0.061 5	0.473 8	0.464 7	0
信息处理融合能力	0.007 3	0.579 1	0.373 5	0.040 1
数据共享能力	0.013 0	0.489 2	0.478 4	0.019 5
战场态势评估能力	0.040 4	0.475 3	0.427 1	0.057 2
决策者经验知识	0.139 7	0.736 1	0.124 2	0
系统辅助决策能力	0.034 5	0.243 7	0.592 5	0.129 3
作战编队控制能力	0.046 0	0.494 5	0.425 1	0.034 5
任务规划能力	0.073 2	0.443 9	0.482 9	0
火力打击能力	0.378 6	0.472 5	0.148 9	0
电子战能力	0.103 0	0.429 2	0.463 0	0.004 8
作战可用性	0.090 5	0.607 8	0.301 7	0
隐身性能	0.007 3	0.603 3	0.389 3	0
再出动作战能力	0.116 7	0.553 8	0.329 5	0

(三)整体作战效能评估

针对有人/无人机反舰作战的整体作战效能,利用计算得到的指标权重和灰色评估矩阵,可以计算出所有二级指标和一级指标的总体效能评估值。

表 5 - 13　各级指标整体效能评估值

指　　标	总体效能	协同感知	态势分析	作战决策	反舰作战
效　　能	77.722 9	80.327 2	79.259 7	75.883 3	83.577 7

可以发现,态势分析能力和作战决策能力这两项指标都位于区间[60,80],评估结果为合格,说明在该项评估中,要想提高反舰作战的总体效能,需要尽可能提高态势分析和作战决策方面。例如,对效能评估值最低的作战决策来说,应尽可能对飞行员的战时作战决策进行训练,培养指挥素质,做好各

种预案,提升飞行员的决策能力,同时完善有人机的辅助决策系统,尽可能提升各种信息处理能力,简化决策流程,提高人机交互能力等,从而尽可能提高作战决策的作战效能。

结　束　语

　　本书立足装备实战化考核需求,从理论研究与实践应用两个维度,围绕装备作战试验评估的概念内涵、评估指标体系、评估技术方法及应用等进行了系统阐述。由于当前装备作战试验评估工作仍处于起步探索阶段,有大量现实问题亟须研究,为更好发挥作战试验评估的磨刀石作用,下一步应健全装备作战试验评估机制,并且尽快在标准规范制定、试验条件构建、专业队伍培养等方面加大投入,完善配套保障,确保相关评估技术方法的高效运用。

一、健全试验评估运行机制

　　装备作战试验与鉴定评估是一项复杂的系统工程,相关评估工作涉及装备作战试验管理部门、承试部队、数据采集与处理单位等,单靠任何一个部门不能解决系统问题。需探索建立装备作战试验管理部门指导、专业机构数据采集处理、承试部队参与、试验总体单位评估的组织体系,使各责任单位在试验与鉴定主管机构统一调度下各司其职、顺畅运行。一是要明确评估职责。明确装备作战试验评估中各部门、各环节的管理职责、程序和方法,形成责任明确、程序公开、良性运行的工作关系,是装备作战试验评估运行机制的重点。二是要理顺试验数据获取关系。开展装备作战试验评估,关键是要获取评估数据,健全装备作战试验数据共享处理机制,理顺相关部门工作关系,加强装备作战试验想定研究,设计装备作战试验数据采集方案,加强装备作战试验数据采集,为装备作战试验评估奠定数据基础。三是要健全装备作战评估支撑手段。装备作战试验许多数据和试验结果很难在实装作战试验中获取,有些数据和结论即使能够通过实装试验获取也不经济,需要通过配套支撑手段实现。四是要明确装备作战试验评估程序方法。规范装备作战试验评估必须明确从需求提出、评估指标论证、数据采集处理、仿真评估支撑到开展基于数据的装备作战试验评估全要素、全流程程序方法,为装备作战试验评估顺利开展打好基础。

二、加快制定相关标准规范

装备作战试验评估围绕作战需求,贯穿于武器研制需求论证、立项综合论证、研制总要求论证、方案设计、工程研制、列装定型的全流程、全系统、全要素。应按照"统筹规划、急用先建、试点开路、迭代完善"的原则,抓重点、补短板、强弱项,以法规标准形式固化装备作战试验评估相关要求,推动装备作战试验评估常态化、制度化、规范化实施。要构建要素齐全、集约高效、科学规范的作战试验评估标准体系,确保评估流程规范化、评估技术通用化、评估准则标准化,确保评估结果可校核、可比较。要充分吸纳现有试验评估标准体系中能够反映装备作战试验评估工作客观规律、具有科学性和可操作性的内容,同时,研究与借鉴外军在作战试验评估等方面先进、实用的标准规范和研究方法。在此基础上,结合当前装备试验与鉴定实践开展自主创新,按照"急用先建、先共用再专用"的建设步骤,研究制定装备作战试验评估标准体系,为指导和规范装备作战试验评估活动、加强装备研制管理提供有力支撑,为支撑装备列装定型提供决策依据。

三、持续深化试验条件建设

(一)加大仿真支撑手段建设

实验室条件下的作战试验评估考核组织难度及成本均较低,适宜用于全场景、全边界、全维度的覆盖性考核。为更好地完成作战试验评估,需持续加大仿真平台、数学模型、半实物仿真条件、数字孪生系统等方面的建设力度,不断扩充模型积累,提高模型的可信度、准确度,推进模型的标准化,利用仿真大子样、实装关键指标等效考核与模型校验,内场仿真与外场实装试验相结合,降低外场试验保障难度,形成科学、准确的内外场联合作战试验评估能力,实现对装备的摸边探底。

(二)加快推进实战环境构设

很多武器装备的作战试验评估是无法通过外场试验直接开展的。例如,卫星的作战试验评估等,只能在实验室通过"等效关系"进行模拟,而等效性水平直接决定着试验评估结论的科学性和准确性。应加快推进实战环境构设相关技术手段研究,着力构建出逼真的战场环境,包括自然环境和电磁环境等,确保被试武器装备能在各作战要素齐全的战术背景条件下进行深度试验评估,进而把装备的实战效能、部队适用性等检验评估出来。

(三)增强作战对手模拟逼真度

作战对手模拟得"真不真""像不像",直接决定了装备作战试验评估结论的可信度。应针对装备作战使命任务,分析明确主要作战对手和典型作战目标。目前绝大多数对手情报数据难以直接实测获取。可由负责装备研发、作战研究的专业机构或人员,融合分析开源情报、实侦情报、特殊情报等多源情报信息,通过关联信息综合分析,反向构建对手模型,大样本开展作战仿真,反推其在作战环节中的动态性能表现,再通过可信情报比对验证,实现"分析—建模—仿真—验证"的迭代循环,研究得出对手的目标特性和作战运用模式,逐步提升对手模拟的逼真度。

(四)加强数据采集分析和管理

开展装备作战试验评估的核心是数据的采集分析和管理。要牢固树立数据产品意识,推动试验数据采集管理标准化、规范化,深入开展数据挖据分析。建立健全数据库建设标准、规范和运行机制,逐步形成以作战试验为核心的基础数据库,重点抓好相关数据整编、入库、开发、管理与共享发布,用于支撑装备作战试验仿真评估环境与模型的研发、校验与完善,为装备作战试验评估提供强有力的支撑。

四、大力培养评估专业队伍

装备作战试验评估全方位检验武器装备的效能底数,对试验设计、试验评估、试验保障等提出了很高要求,只有构建数量合适、搭配合理的装备作战试验评估人才队伍,持续加强对试验设计与评估理论、技术和方法的学习研究、实践应用、总结创新,持续加强对试验运行机制和标准规范的建立与完善,才能确保装备作战试验评估工作顺利实施。必须加大人才培养力度,完善作战试验评估执行力量体系,着力培养一批军事与技术融合的试验总体人才、试验评估与作战指挥结合的组织指挥人才、试验装备与被试装备并重的操作使用人才、试验保障与作战保障一体的综合保障人才,注重作战试验评估人才建设规划,科学设置试验岗位,优化人才层次结构,重点抓好军事总体、作战指挥、实战操作、作战保障、作战评估等方面的多层次、复合型作战试验人才的培养。通过调查学习研究、院校专门培训、遂行作战演习、对接部队等多种形式,加快人才观念更新和知识更新,形成科学、合理的人才梯队。

参 考 文 献

[1] 李志猛,徐培德,冉承新,等.武器系统效能评估理论及应用[M].北京：国防工业出版社,2013.

[2] 徐英,王松山,柳军,等.装备试验与评估概论[M].北京:北京理工大学出版社,2016.

[3] 曹裕华,王元钦.装备作战试验理论与方法论[M].北京:国防工业出版社,2018.

[4] 曹裕华,张边促.装备体系试验与仿真[M].北京:国防工业出版社,2016.

[5] 钱丰,陶德进.战役级陆军指挥信息系统指挥控制效能评估[J].舰船电子工程,2018,38(9):16-21.

[6] 沈培志,聂奇刚,张邦钰.海上封锁作战效能评估研究[J].舰船电子工程,2015,35(9):5-8.

[7] 张永利,周荣坤,计文平.基于模糊综合评判法的航母编队舰载机群体系作战效能评估[J].舰船电子工程,2015(10):115.

[8] 段继琨.基于网络层次分析法的舰艇反导作战效能评估[J].海军航空工程学院学报,2016,31(4):489-494.

[9] 贺绍桐,薛伦生,徐晨洋,等.弹道导弹突防作战效能评估研究[J].计算机仿真,2016,33(9):39-44.

[10] 董彦非,吴欣蓬,屈高敏.战斗机综合作战效能评估的改进灰色关联模型[J].飞行力学,2017(2):92-96.

[11] 郑锦,杨光.基于ADC模型的水面舰艇作战系统效能评估研究[J].舰船电子工程,2017,37(3):18-21.

[12] 郑玉军,田康生,陈果,等.基于灰色AHP的反导预警雷达作战效能评估[J].装备学院学报,2016,27(1):111-115.

[13] 郑振宇,徐轩彬,郑智林.舰艇导航系统信息保障效能评估研究[J].舰船电子工程,2018,38(7):48-52.

[14] 许鹏飞,张伟华,马润年.改进ADC法的野战综合通信系统效能评估算法研究[J].装备指挥技术学院学报,2011,22(4):96-100.

[15] 杨龙坡,熊家军.基于 SEA 的雷达组网探测能力评估[J].现代防御技术,2011,39(1):29-32.

[16] 周奕,周锦鹏,郝维平.基于兰彻斯特方程不同信息条件下的空战效能分析[J].航天控制,2006(2):54-57.

[17] 丛红日,吴福初,陈邓安.基于兰彻斯特方程的防御作战效能分析[J].海军航空工程学院学报,2015(2):187-190.

[18] 甘斌,胡正东,张锦刚.基于仿真试验的装备体系贡献度评估研究[J].炮兵防空兵装备技术研究,2015(3):58-62.

[19] 司光亚.基于仿真大数据的体系能力评估方法研究[J].军事运筹与系统工程,2020(3):5-10.

[20] 林木,李小波,王彦锋,等.基于 QFD 和组合赋权 TOPSIS 的体系贡献率能效评估[J].系统工程与电子技术,2019(4):1802-1809.

[21] 张大曦,杨雪榕,张占月.基于 Agent 的反导体系效能评估方法研究[J].火力与指挥控制,2018,43(2):86-90.

[22] 陆梦驰.基于 SD 的指挥信息系统作战效能评估模型[J].火力与指挥控制,2018,43(1):128-131.

[23] 何清,李宁,罗文娟,等.大数据下的机器学习算法综述[J].模式识别与人工智能,2014,27(4):327-336.

[24] 崔建岭,田雯,戴幻尧,等.基于超限学习机的评估新方法研究[J].系统仿真学报,2016(1):44-50.

[25] 陈侠,胡乃宽.基于 APSO-BP 神经网络的无人机空地作战效能评估研究[J].飞行力学,2018(2):88-92.

[26] 汪泽辉,方洋旺.基于贝叶斯网络的空战效能评估方法研究[J].航空工程进展,2018(1):35-42.

[27] 张海峰,韩芳林,潘长鹏.基于 DBN 的察打一体无人机作战效能评估[J].电光与控制,2019,26(4):77-80.

[28] 周兴旺,从福仲,庞世春.基于 BN-and-BP 神经网络融合的陆空联合作战效能评估[J].火力与指挥控制,2018,43(4):3-8.

[29] 游雅倩,姜江,孙建彬,等.基于证据网络的装备体系贡献率评估方法研究[J].系统工程与电子技术,2019,41(2):1780-1788.

[30] 南熠,伊国兴,王常虹,等.概率有限状态机在动态效能评估中的应用

[J].宇航学报,2018,39(5):541－549.

[31]　张江,张红.舰艇综合通信系统作战效能评估计算[J].船电技术,2016(8):68－72.

[32]　柯宏发,陈永光,赵继广,等.电子装备体系效能评估理论及应用[M].北京:国防工业出版社,2018.

[33]　徐贤胜.陆军信息化武器装备作战效能评估理论与方法研究[M].北京:海潮出版社,2010.

[34]　黄建新,李群,贾全,等.基于 ABMS 的体系效能评估框架研究[J].系统工程与电子技术,2011,33(8):1794－1798.

[35]　蓝国兴,陈欣,申之明,等.用于装备体系分析的探索性分析及其工具研究[J].系统仿真学报,2010,22(11):2567－2570.

[36]　毕义明,杨萍,王莲芬,等.导弹生存能力运筹分析[M].北京:国防工业出版社,2011.

[37]　王国胤,李德毅,姚一豫,等.云模型与粒计算[M].北京:科学出版社,2012.

[38]　阴小晖.有人/无人机协同作战效能评估研究[D].南昌:南昌航空大学,2013.

[39]　朱艳萍.多无人机协同攻击策略研究[D].南京:南京航空航天大学,2012.

[40]　郑大壮."忠诚僚机"概念将大幅提升有人/无人机协同作战能力[J].防务视点,2016(6):63.

[41]　王彤,李磊,蒋琪.美国 DBM 项目推进分布式指挥控制能力发展[J].战术导弹技术,2019(1):25－32.

[42]　李磊,王彤,胡勤莲,等.DARPA 拒止环境中协同作战项目白军网络研究[J].航天电子对抗,2018,34(6):54－59.

[43]　刁兴华,方洋旺,肖冰松.基于多智能体联盟的多机协同空战任务分配[J].北京航空航天大学学报,2014,40(9):1268－1275.

[44]　纪敏,李冬予.基于功能节点的有人/无人机协同攻击模式研究[J].舰船电子工程,2017,37(5):8－12.

[45]　李化涛,陈晓明,杨欣.基于 OODA 的红外导弹作战效能灰色评估[J].云南民族大学学报(自然科学版),2019,28(4):366－370.

[46]　李宁,陈晖.基于灰色层次分析法的作战指挥效能评估[J].兵器装备工程学报,2017,38(5):22-26.

[47]　胡磊,李海龙,董思岐.基于组合赋权和模糊灰色聚类的武器系统网络安全评估[J].火力与指挥控制,2020,45(9):22-28.

[48]　王芳,张铭.基于熵值改进 AHP 的无人作战飞机效能评估[J].指挥信息系统与技术,2016,7(4):55-58.